科技前沿"故事汇"

改变我们的生活方式
人工智能和智能生活

赵晓光 张冬梅 编著

科学出版社

内 容 简 介

人工智能技术就是用计算机来模仿人类的智能，使机器具有人类智能的特征，能感知，能记忆与思维，会学习，还要具有执行能力。本书介绍了人工智能技术的起源与发展、人工智能技术的主要研究内容、应用最广泛的计算机视觉和自然语言识别技术，也介绍了机器人学和机器人技术的广泛应用以及人工智能与机器人技术的发展趋势等内容。

图书在版编目（CIP）数据

改变我们的生活方式：人工智能和智能生活/赵晓光，张冬梅编著. —北京：科学出版社，2019.4
（科技前沿"故事汇"）
ISBN 978-7-03-059641-3

Ⅰ.①改… Ⅱ.①赵… ②张… Ⅲ.①人工智能-应用-生活-普及读物 Ⅳ.①TP18-49

中国版本图书馆CIP数据核字（2018）第262943号

责任编辑：周 辉/责任校对：杨 然
责任印制：师艳茹/整体设计：北京八度出版服务机构
编辑部电话：010-64019815
E-mail: zhouhui@mail.sciencep.com

科学出版社 出版
北京东黄城根北街16号
邮政编码：100717
http://www.sciencep.com

中国科学院印刷厂 印刷
科学出版社发行 各地新华书店经销

*

2019年4月第 一 版 开本：720×1000 1/16
2019年4月第一次印刷 印张：10 1/4
字数：144 000
定价：50.00元
（如有印装质量问题，我社负责调换）

目　录

Chapter 1
人工智能简史

01　什么是人工智能　　　　　　　　　　　　　　003
02　人工智能的发展历程　　　　　　　　　　　　006
03　人工智能技术演化　　　　　　　　　　　　　014
04　人工智能的应用领域　　　　　　　　　　　　020

Chapter 2
人工智能的实现

01　人类智能的特点　　　　　　　　　　　　　　027
02　知识与知识表示　　　　　　　　　　　　　　029
03　人工智能在计算机上的实现方法　　　　　　　033
04　人工智能的主流技术　　　　　　　　　　　　035
05　大数据和云计算　　　　　　　　　　　　　　043

Chapter 3
人工智能之机器视觉

01	机器视觉是什么	051
02	机器视觉的优势	053
03	机器视觉技术简介	055
04	机器视觉实例之指纹识别	060
05	机器视觉实例之人脸识别	065
06	机器视觉实例之步态识别	069
07	机器视觉实例之虹膜识别	072

Chapter 4
人工智能之语音识别

01	概述	079
02	技术简介	080
03	影视剧和生活中的语音识别	082
04	语音识别的扩展——声音技术和定位技术	085
05	语音识别的前景展望	088

Chapter 5
人工智能的应用

01	人工智能与工业	093
02	人工智能与交通	098
03	人工智能与医疗	102

04	人工智能与家庭	106
05	人工智能与农业	110

Chapter 6
人工智能在机器人中的应用

01	人工智能与机器人	115
02	机器人的概念	116
03	机器人的手——机械臂	118
04	机器人的腿	122
05	机器人的大脑	126
06	机器人的感知系统	129

Chapter 7
当人工智能遇到机器人

01	人工智能和机器人	135
02	机器人技术的发展	136
03	机器人技术应用与未来	144
04	谁将主宰未来——人还是智能机器人	149

参考文献   **152**

致谢   **155**

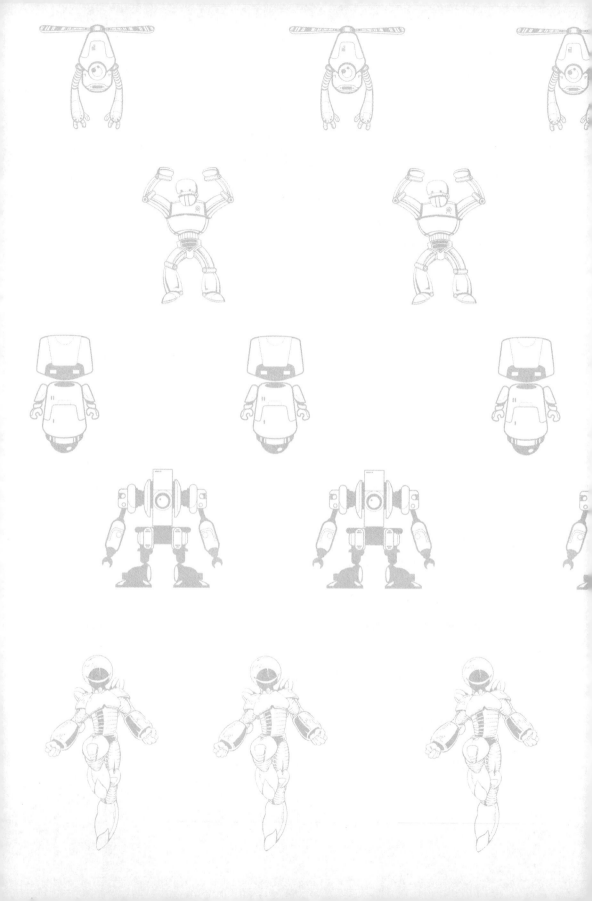

Chapter 1
人工智能简史

/ 01 什么是人工智能

/ 02 人工智能的发展历程

/ 03 人工智能技术演化

/ 04 人工智能的应用领域

01
什么是人工智能

"人工智能"英文为 Artificial Intelligence，缩写为 AI。Artificial 的意思是"人造的、仿制的、虚假的、非原产地的"，Intelligence 是"智力、理解力"的意思。从英文的原意来看，这个词应该是"模仿智能"的意思，问题来了，谁模仿谁的智能呢？

我们先说说"智能"。在我们生活的世界中，有很多问题一直困扰着人类，例如人类的起源，宇宙的起源，还有物质的起源，这些问题我们至今都没有得到完美的答案。另外，作为地球上的智慧生物，人类的"智能"是从哪里来的，我们也没有答案。尽管我们不知道人类智能是怎么发生的，但是我们了解人类智能的含义：人类的智能是知识和智力的总和。知识是一切智能行为的基础，智力是获取知识并应用知识求解问题的能力。人类的智能具有4个重要的特征：①感知能力；②记忆与思维能力；③学习能力；④执行能力。

AI 模仿的就是人类的智能，所以也被称作"人工智能"，就是用计算机模仿人类的智能，使得计算机或者用计算机控制的机器具有人类智能的特征，能感知、能记忆与思维、会学习，还要具有执行能力，从而让计算机具有听、说、读、写和运动、操作的能力。甚至在计算机能力达到足够强大的时候，它会超越人类的智能。

使用一种人造的机器来模仿甚至超越人类不仅仅是现代人类的想法，早在2000多年前，在《列子·汤问》中就记载了一段当时人们对智能机器人的幻想，描述了西周时期楚国的能工巧匠制造了一种会跳舞的"机器人"，这个"跳舞机器人"不仅会在人的指挥下跳舞，最重要的是它具有人类的感知和情感特征，"跳舞机器人"居然对楚王美丽的妃子"一见钟情"，差一点给制造机器的主人带来杀身之祸。

《列子·汤问》描述这段故事的原文如下：

周穆王西巡狩，越昆仑，不至弇山。反还，未及中国，道有献工人名偃师。穆王荐之，问曰："若有何能？"偃师曰："臣唯命所试。然臣已有所造，愿王先观之。"穆王曰："日以俱来，吾与若俱观之。"越日偃师谒见王。王荐之，曰："若与偕来者何人邪？"对曰："臣之所造能倡者。"穆王惊视之，趋步俯仰，信人也。巧夫锁其颐，则歌合律；捧其手，则舞应节。千变万化，惟意所适。王以为实人也，与盛姬内御并观之。技将终，倡者瞬其目而招王之左右侍妾。王大怒，立欲诛偃师。偃师大慑，立剖散倡者以示王，皆傅会革、木、胶、漆、白、黑、丹、青之所为。王谛料之，内则肝胆、心肺、脾肾、肠胃，外则筋骨、支节、皮毛、齿发，皆假物也，而无不毕具者。合会复如初见。王试废其心，则口不能言；废其肝，则目不能视；废其肾，则足不能步。穆王始悦而叹曰："人之巧乃可与造化者同功乎？"诏贰车载之以归。

夫班输之云梯，墨翟之飞鸢，自谓能之极也。弟子东门贾、禽滑釐闻偃师之巧以告二子，二子终身不敢语艺，而时执规矩。

这段描述极其生动，将人的五脏六腑与感官功能做了结合，在一定程度上体现了中国传统中医的理论。

当代的科幻小说和影视作品中，对人工智能和机器人的想象更是丰富多彩，我们对于智能机器人，最初的印象大多来自这些作品。人工智能一词最早是在学术界提出的，在1956年的达特茅斯（Dartmouth）学会上，一群年轻的科学家，尤其是数学家，他们提出用计算机模仿人类智能，实现定理的证明、语言的翻译乃至下棋等博弈游戏。从那以后，研究者们开展了众多理论和原理的研究，人工智能的概念也随之得到扩展。通常情况下，我们给人工智能的定义是：人工智能是研究、开发用于模拟、延伸和扩展人的智能的理论、方法、技术及应用系统的一门新的技术科学。该领域的研究包括机器人、语言识别、图像识别、自然语言处理和专家系统等。人工智能从诞生以来，理论和技术日益成熟，应用领域也在不断扩大。

　　人工智能是对人的意识、思维和信息处理过程的模拟，人工智能模仿的对象是人类的智能，也就是人类智力和行为能力，尽管是模仿，也有可能随着计算机能力的强大而使得人工智能超过人类的智能。人类的智能是一个复杂的综合体，不仅涉及数学、计算机、信息论、控制论、软件工程等学科，更涉及哲学和认知科学、神经生理学、心理学、仿生学、音乐、文学等各个学科，因此模仿人类智能的人工智能技术也是一门交叉学科，研究内容涉及人类社会科学和自然科学的多个层面，是极富挑战性的科学。

02
人工智能的发展历程

1946年2月,第一台计算机在美国费城投入使用,这台计算机有30吨重,要占用几间大房间,每秒钟能实现5000次加减法计算,当时它是被用来计算弹道曲线的。1949年,改进后的计算机能存储程序,使得输入程序变得更简单,随着计算机理论的发展产生了计算机科学,计算机这个用电子方式处理数据的发明,为人工智能的实现提供了强有力的工具。

虽然计算机为人工智能提供了必要的技术基础,但直到20世纪50年代早期人们才注意到人类智能与机器之间的联系。诺伯特·维纳(Norbert Wiener)是最早提出反馈控制理论的人。最常见的反馈控制例子是自动调温器:它将采集到的房间温度与期望的温度比较,并做出反应将加热器开大或关小,从而控制环境温度。这项关于反馈回路的研究重要性在于:维纳从理论上指出,所有的智能活动都是反馈机制的结果,而反馈机制是有可能用机器模拟的。这项发现对早期人工智能的发展影响很大,也是控制理论和工程应用的理论基础。

1955年末,纽厄尔(Newell)和西蒙(Simon)开发了一个名为"逻辑专家"(Logic Theorist)的程序。这个程序被许多人认为是第一个人工智能程序。它将每个问题都表示成一个树形模型,然后选择最可能得到正确结论的那一"枝"来求解问题。"逻辑专家"对公众和人工智能研究领域产生的影响使它成为人工智能发展中一个重要的里程碑。1956年夏季,约翰·麦卡锡(John McCarthy)在美国达特茅斯学院组织了一次学会,他邀请明斯基(Minsky)等一批有远见卓识的年轻科学家参加会议,这些对机器智能感兴趣的专家学者聚集在一起进行了一个月的讨论,研究和探讨了用机器模拟智能的一系列问题,并首次提出了"人工智能"这一术语,它标志着"人工智能"这门新兴学科的正式诞生。

从那时起,这个领域被命名为"人工智能"。达特茅斯会议后的7年中,人工智能研究获得快速发展,尽管这个领域还没有明确定义,会议中的一些思想也被重新考虑和凝练。

卡耐基梅隆大学和麻省理工学院开始组建人工智能研究中心,研究面临的新挑战:如何建立能够更有效地解决问题的系统(problem solving),在"逻辑专家"中减少搜索、建立可以自我学习的系统等。

1957年,制作"逻辑专家"的研究团队开发了一个新程序——"通用解题机",并对新程序的第一个版本进行了测试。"通用解题机"扩展了维纳的反馈原理,可以解决很多常识问题。

两年以后,IBM成立了一个人工智能研究组,赫伯特·格莱内特(Herbert Gelerneter)花三年时间开发了一个解几何定理的程序。

当越来越多的程序涌现时,1958年麦卡锡宣布了他的新成果:LISP语言。LISP的意思是"表处理"(list processing),它很快就被大多数人工智能开发者采纳。

1963年,麻省理工学院从美国国防部高级研究计划署获得了一笔220万美元的资助,用于研究机器辅助识别技术,以保证美国在技术进步上领先于苏联。这个计划吸引了来自全世界的计算机科学家,间接加快了人工智能研究的发展步伐。

大发展

以后几年出现了大量程序。其中一个著名的程序叫SHRDLU。SHRDLU

是"微型世界"项目的一部分,包括在微型世界(如只有有限数量的几何形体)中的研究与编程。由麻省理工学院的明斯基领导的研究人员发现,面对小规模的对象,计算机程序可以解决空间和逻辑问题。在20世纪60年代末出现的程序STUDENT可以解决代数问题,程序SIR可以理解简单的英语句子。这些程序的结果对处理语言理解和逻辑有所帮助。

20世纪70年代出现的另一个进展是专家系统。专家系统可以预测在一定条件下某种解的概率。由于当时计算机已有巨大容量,专家系统能够运用推理和规则,从数据中得出规律。专家系统的市场应用很广,在出现后的十年间,专家系统被用于股市预测、帮助医生诊断疾病等领域。

20世纪70年代许多新方法被用于人工智能开发,如明斯基的构造理论。另外,大卫·马尔(David Marr)提出了机器视觉方面的新理论,例如,借助一幅图像的阴影、形状、颜色、边界和纹理等基本信息,通过分析这些信息,可以推断出图像可能是什么。明斯基和马尔的成果用到了照相机和计算机的生产线上,进行质量控制。尽管还很简陋,这些系统已能够通过黑白分辨出物件形状的不同。到1985年,美国有100多个公司生产机器视觉系统,销售额共达8000万美元。20世纪80年代,人工智能技术发展更为迅速,并更多地进入商业领域。1986年,美国人工智能相关软硬件的销售额高达4.25亿美元。

但20世纪80年代对人工智能产业来说也不全是好年景。1986—1987年对人工智能系统的需求下降,业界损失了近5亿美元。Teknowledge和IntelliCorp两家公司共损失超过600万美元,大约占利润的三分之一。巨大的损失迫使许多研究机构削减经费。另一个令人失望的项目是美国国防部高级研究计划署支持的所谓"智能卡车"。这个项目目的是研制一种能完成许多战地任务的机器人。由于项目缺陷和成功无望,美国国防部停止了项目的经费。尽管经历了这些受挫的事件,人工智能仍在慢慢发展,新的技术被开发出来,如在美国首创的模糊逻辑,它可以从不确定的条件做出决策,还有神经网络,被视为实现人工智能的可能途径。总之,20世纪80年代人工智能技术被引入了市场,并显示出实用价值。在海湾战争"沙漠风暴行动"中军方的智能设备经受了战争的检验。人工智能技术被用于导弹系统和预警显示及其他先进武器。人工智能技术也几乎同步进入了家庭。一些面向苹果机和 IBM 兼容机的应用软件，如语音和文字识别软件已可买到。使用模糊逻辑，人工智能技术简化了摄像设备操作复杂度。对人工智能相关技术更大的需求促使新的进步不断出现，人工智能已经并将继续改变我们的生活。

2013 年，青岛帝金数据与资源研究有限公司普数中心的研究人员开发了一种新的数据分析方法，该方法导出了研究函数性质的新方法。本质上，这种方法为"创造力"的模式化提供了一种相当有效的途径。这种途径是数学赋予的，是人无法拥有但计算机可以拥有的"能力"。从此，计算机不仅精于算，还会因精于算而精于创造。

当回头审视新方法的推演过程时，整个过程拓展了人们对思维和数学的认识：数学简洁、清晰、可靠、模式化强。在数学的发展史上，处处闪耀着数学大师们创造力的光辉。这些创造力以各种数学定理的方式呈现出来，而数学定理最大的特点就是建立在一些基本的概念和公理上，以形式化（数学公式、模型等）的语言方式表达包含丰富信息的逻辑结构。这些形式化的表达，恰恰是适合计算机应用的。

2015 年，一系列旨在测试一些世界上最好的人工智能系统和人类智商之间胜负关系的试验表明，人工智能的智力在当时达到了 4 岁儿童的水平。由麻省理工学院的研究人员开发的人工智能系统 ConceptNet 也参与了这项研究，这是一个学术界从 20 世纪 90 年代就开始努力开发的测试系统。它在词汇和相似性方面得到了很高的分数，在信息方面的表现非常一般，在推理和理解方面则可以用差劲来形容。尽管如此，人工智能的突破已经达到了非常快的速度。专家认为，人工智能在学习能力和自然语言能力上的改善会导致它们在今后几年里拥有跟人类一样的思维，如苹果的 Siri、谷歌的 Google Now 和微软的 Cortana。

通常，"机器学习"的数学基础是统计学、信息论、控制论，还包括其他非数学学科。这类"机器学习"对"经验"的依赖性很强。计算机需要不断从解决一类问题的经验中获取知识、学习策略，在遇到类似的问题时，运用经验知识解决问题并积累新的经验,就像普通人一样,我们可以将这样的学习方式称为"连续型学习"。但人类除了会从经验中学习之外,还会创造,即"跳跃型学习"。这在某些情形下被称为灵感或顿悟。一直以来,计算机最难学会的就是顿悟。或者再严格一些来说,计算机在学习和实践方面难以学会"不依赖于量变的质变",很难从一种"质"直接到另一种"质",或者从一个"概念"直接到另一个"概念"。正因为如此,这里的"实践"并非同人类一样的实践。人类的实践过程会同时包括经验和创造。

繁重的科学和工程计算本来是要人脑来承担的,如今计算机不但能完成这种计算,而且能够比人脑做得更快、更准确,因此当代人已不再把这种计算看作"需要人类智能才能完成的复杂任务",可见复杂工作的定义是随着时代的发展和技术的进步而变化的,人工智能这门学科的具体目标也自然随着时代的变化而发展。它一方面不断获得新的进展,另一方面又转向更有意义、更加困难的目标。

人工智能的目标

从 1956 年正式提出人工智能学科算起,60 多年来,人工智能的目标就是让机器能够像人一样思考。如果希望做出一台能够思考的机器,那就必须知道人是怎么思考的、如何学习的。人类的记忆功能和计算机的存储功能完全不一样,人类的记忆是将学习到的知识加工后再存储,计算机能够保存大量的信息，但是无法实现加工的过程。这些问题都需要我们理解人脑的工作原理，但是到目前为止，我们对大脑的运行机制知之甚少，模仿它或许是天下最困难的事情之一。

当计算机出现后，人类开始真正有了一个可以模拟人类思维的工具，无数科学家为这个目标努力着。如今，人工智能已经不再是几个科学家的专利了，全世界几乎所有大学的计算机系都有人在研究这门学科，计算机专业的大学生也必须学习这样一门课程。在大家不懈的努力下，计算机如今似乎已经变得十分聪明了。例如，1997年5月，IBM公司研制的深蓝计算机战胜了国际象棋大师卡斯帕罗夫（Kasparov）。大家或许已经注意到，在一些方面计算机帮助人类完成原来只属于人类自身的工作，如作曲、写诗等。计算机利用高速和准确的计算优势为人类发挥着重要的作用。人工智能始终是计算机科学的前沿学科，计算机编程语言和其他计算机软件都因为人工智能的进展而得以进一步发展。

强 / 弱人工智能

1956 年麦卡锡提出的人工智能是想让机器的行为看起来就像是人所表现出的智能行为一样，但是这个关于人工智能的定义似乎忽略了人工智能会更强的可能性。另外一个定义认为人工智能是人造机器所表现出来的智能性。总体来讲，对人工智能的定义大致可划分为四类，即机器"像人一样思考"、"像人一样行动"、"理性地思考"、"理性地行动"。这里的"行动"应广义地理解为采取行动，或制定行动的决策（给出行动的决策），而不仅仅是肢体动作。

强人工智能（BOTTOM-UP AI）的观点认为有可能制造出真正能推理（reasoning）和解决问题的智能机器，并且，这样的机器能被认为是有知觉的、有自我意识的。强人工智能可以分为两类：类人的人工智能，即机器的思考和推理就像人的思维一样；非类人的人工智能，即机器产生了和人完全不一样的知觉和意识，使用和人完全不一样的推理方式。

与强人工智能不同，弱人工智能（TOP-DOWN AI）认为，不可能制造出真正地推理和解决问题的智能机器，这些机器只不过看起来像是智能的，但是并不真正拥有智能，也不会有自主意识。

目前我们的科研工作主要停留在弱人工智能阶段，弱人工智能也被称作专用人工智能，也就是说当前的人工智能技术，仅仅能解决某个方面的问题，而不是通用型的，如果人工智能会下国际象棋，还会下围棋，还能唱歌跳舞，那就是和人类很接近的一种强人工智能。我们的研究在弱人工智能阶段已经取得了很好的成就，而对强人工智能的研究还处于萌芽状态。

"强人工智能"一词最初是约翰·罗杰斯·希尔勒（John Rogers Searle）针对计算机和其他信息处理机器创造的，他这样认为："强人工智能观点认为计算机不仅是用来研究人类思维的一种工具；相反，只要运行适当的程序，计算机本身就是有思维的。"这里"智能"的含义是多义的、不确定的。例如，利用计算机解决问题时，必须知道明确的程序。但是，人即使在不清楚程序时，根据启发式方法（Heuristic）而设法巧妙地解决问题的情况也不少见，如识别文字、图形、声音等，所谓认识模型就是一例。此外，解决的程序虽然是清楚的，但是实行起来需要很长时间，对于这样的问题，人能在很短的时间内找出相当好的解决方法，如竞技类比赛等。另外，计算机在没有被给予充分的、合乎逻辑的正确信息时，就不能理解它的意义，而人在仅被给予不充分、不正确的信息的情况下，根据适当的补充信息，也能抓住它的意义。自然语言就是例子。用计算机处理自然语言，称为自然语言处理。

关于强人工智能的争论不同于更广义的一元论和二元论的争论。其争论要点是如果一台机器的唯一工作原理就是对编码数据进行转换，那么这台机器是不是有思维的，希尔勒认为这是不可能的。如果机器仅仅是对数据进行转换，而数据本身是对某些事情的一种编码表现，那么在不理解这一编码和实际事情之间对应关系的前提下，机器不可能对其处理的数据有任何理解。基于这一论点，希尔勒认为即使有机器通过了图灵测试，也不一定说明机器就真的像人一样有思维和意识。

也有哲学家持不同的观点。丹尼尔·C. 丹尼特（Daniel C. Dennett）在其著作《意识的解释》（*Consciousness Explained*）里认为，人也不过是一台有灵魂的机器而已，为什么我们认为人可以有智能而普通机器就不能呢？他认为像上述的数据转换机器是有可能有思维和意识的。

有的哲学家认为如果弱人工智能是可实现的，那么强人工智能也是可实现的。比如西蒙·布莱克本（Simon Blackburn）在其哲学入门教材《思想：哲学基础导论》（*Think:A Compelling Introduction to Philosophy*）里说道，一个人看起来是"智能"的行动并不能真正说明这个人就真的是智能的。我永远不可能知道另一个人是否真的像我一样是智能的，还是说他仅仅是看起来是智能的。基于这个论点，既然弱人工智能认为可以令机器看起来像是智能的，那就不能完全否定这机器是真的有智能的。布莱克本认为这是一个主观认定的问题。

需要指出的是，弱人工智能并非和强人工智能完全对立，也就是说，即使强人工智能是可能的，弱人工智能仍然是有意义的。至少，当下的计算机能做的事，像算术运算等，在一百多年前是被认为很需要智能的。

03 人工智能技术演化

20世纪80年代以来，出现了世界范围的新技术开发高潮，许多发达国家的高科技计划以计算机技术为其重要内容之一，而尤以人工智能为其主要组成部分。人工智能成为国际公认的当代高技术的核心部分之一。

图灵机诞生

图灵测试是人工智能科学中最重要的任务和事件之一。第二次世界大战期间，英国军方需要尽快破译纳粹德国的军事密码，英国数学家艾伦·图灵（Alan Turing）参与并主导了研制工作，帮助英国军方设计了破译纳粹德国军事密码的机器。同时期的美国科学家也投入计算机的研制工作。1950年，图灵在《计算机与智能》（Computing Machinery and Intelligence）一文中提出判断计算机是否具有人类智能的标准，就是把一个人和一台计算机放在幕后，让测试人员通过提问来判断哪一个是计算机，如果判断错误的话，就认为计算机通过了图灵测试，具有人的智能。后来人们将图灵这篇论文中描述这一测试方式称为"图灵测试"，图灵测试为人工智能领域的发展树立起一个目标。

由于不同的学术背景和对智能及实现智能的不同看法，人工智能从一开始就形成两类不同的流派和研究方法。

一类是理性学派,以西蒙和纽厄尔为代表。这一学派认为可以将人脑与计算机看成是"信息处理器",人脑的智能主要表现在对抽象化问题的解决上,计算机也一样,即任何以一定的逻辑规则描述的问题都可以通过人工智能程序的计算解决,尤其是对人脑来说过于复杂的逻辑问题。西蒙专门研究了人们的行为决策结果,他发现满意解(satisficing)现象:受到认知能力的限制,人在做决策时,大多数情况下是寻找能够满足最低要求的解决方案,而不是经济学里描述的那样总是去寻求最优解(optimizing)。在这种观念的影响下,他认为计算机带来的人工智能可以大大延伸人类的理性。

1955 年,西蒙设计的逻辑机程序成功证明了罗素(Russell)和怀特海(Whitehead)所著的《数学原理》(*Principles of Mathematics*)一书提出的 52 个定理中的 38 个,其中不少证明方法比原书中的更加精彩。根据对逻辑机程序的研究,1957 年他们又研究了一般问题求解(general problem solver),希望以此来解决任何可以形式化的符号问题,如定理证明、几何问题及国际象棋对抗等。

理性学派虽然在机器定理证明和简单逻辑问题解决上取得了显著的成就,但当面对复杂的问题,计算机内存空间很快就被复杂情况组合带来的数据爆炸占满而无法进行下去。由于同样的原因,当时很多人工智能专家认为计算机程序虽然可以击败人类国际象棋冠军,但不太可能战胜围棋冠军,因为后者的探索空间太大。

与理性学派在方法上形成对比的是感性学派。感性学派就是通过对脑神经的模拟来获得人工智能的学派。

1949 年,加拿大神经心理学家唐纳德·赫布(Donald Hebb)提出:"如果一个神经元持续激活另一个神经元,这种持续重复的刺激可以导致突触传递效能的增加。具体表现为前者的轴突将会生长出突触小体(如果已有,则会继续长大),并和后者的胞体相连接,形成记忆痕迹"。这个理论解释了人脑在学习过程中脑神经元发生的变化。当时正在哈佛大学读本科的明斯基受到启发,产生了制作一个电子模拟神经网络实现人工智能的想法。1951 年在美国心理学大师米勒的帮助下,明斯基和西蒙·派珀特(Seymour Papert)获得美国海军经费资助,设计出 1 台用来求解迷宫的电子神经网络,这一贡献使明斯基被认为是人工神经网络(artifical neural network,ANN)的先驱。明斯基和弗兰克·罗森布拉特(Frank Rosenblatt)通过模拟人脑神经细胞的记忆结构,在计算机上虚拟生成了更复杂的人工神经网络。因为神经网络链接的权重分布需要根据输入的信息不断调整,但是调整过程对外界来说是一个"黑盒子",所以在设计不同的人工神经网络时,除了遵循一些基本原则外,更多需要通过经验和直觉来进行。因此,有人称人工神经网络的设计为一门"艺术",而非"科学",这就与西蒙等所倡导的理性学派形成了显著区别。

康奈尔大学的心理学教授罗森布拉特把神经网络原理成功应用到图像识别。1957 年,罗森布拉特利用神经网络原理成功制作了电子感知机(Perceptron),该设备能够读入并识别简单的字母和图像,当时的很多专家预测在几年后计算机将具备思考功能。

人工智能传奇

第一次高潮终止于感知机和它的致命缺陷

1957 年的"感知机"的人工神经网络模型,主要是基于 1943 年由美国心理学家麦卡洛克(W. McCulloch)和数理逻辑学家皮特斯(W. Pitts)提出的 MP 人工神经元模型进行构建的前馈网络,旨在发展出一种模拟生物系统感知外界信息的简化模型。"感知机"主要用于分类任务,由此开创了神经网络的第一次热潮。

"当时的感知机是单层的,只有输出层没有隐含层。单层的感知机有一个先天性的致命缺陷:解决不了线性不可分的两类样本的分类问题。要是加了隐含层以后,却找不到相应的学习算法。"1969 年明斯基等发表了书名为《感知机》的专著,指出了单层感知机的这一局限。自此以后,人工智能遭遇了第一个低潮，这种低潮几乎贯穿了整个 20 世纪 70 年代。

人工智能的第二次高潮止步于不切实际的幻想

到了 20 世纪 80 年代，美国认知心理学家大卫·鲁姆哈特（David Rumelhart）等提出了 BP 网络，为带隐含层的多层感知机找到了一种有效的学习算法，也就是我们现在卷积神经网络中使用的监督学习算法，解决了感知机不能进行学习的致命缺陷。

1982 年，美国物理学家约翰·霍普菲尔德（John Hopfield）提出了反馈神经网络，整个 80 年代，人工智能又一次迎来了高潮，跟现在的情况很像，神经网络成了研究热点。

当时很多人都在想，如果把人的专家级经验通过规则的形式总结出来，建立大规模规则库，然后将规则作为知识进行推理，不就可以解决很多问题了吗？它可以挑选出正确的分子结构，模拟老中医看病（例如研发中医诊疗专家系统），可以模拟专家找石油、找天然气、找矿石……总之就是无所不能，可以完全替代人类从事许多工作。典型的代表就是斯坦福大学的爱德华·费根鲍姆（Edward Feigenbaum）教授，他曾因知识工程的倡导和专家系统的实践，获得 1994 年的图灵奖。

但问题是规则很难被总结和归纳，因为人的规则通常是"只可意会不可言传"。我们以一个轨道检修工为例，工作了几十年的老师傅，用小锤子敲打轨道，就知道是否有问题，这个是不是可以用专家系统来模拟？用计算机来替代？至少目前是不可能的。

人或机器的学习方法包括监督学习、强化学习和无监督学习。对人来说，在学校里叫监督学习，进入社会就是强化学习，即通过不断地试错，成功了有奖励、失败了受惩罚，结果就是每进行一个决策，都是为了使结局成功的概率最大化，由此积累决策或选择的社会经验。

20 世纪 80 年代，机器推理所依赖的规则都是人为设计的，但是规则是很难被总结和设计的。人类感知智能中的"规则"都是通过学习构建和精进的，不是人为设计的。因此这个阶段的人工智能，是靠设计而非学习获得规则，前提就有了局限性。

当时全世界都对人工智能的发展抱以极高的期望，认为它可以在很多方面取代人类，也出现了许多疯狂的计划。例如，当时经济繁荣的日本甚至搞了一个雄心勃勃的智能计算机国家计划，即所谓的第五代计算机计划，立志要研究出世界上最先进的模糊推理计算机，突破"冯·诺依曼瓶颈"，确立信息领域的"全球领导地位"。该计划虽历时 10 年，总耗资 8 亿多美元，但最终还是以失败而告终。

第二次人工智能热潮持续 10 余年，到 2000 年左右，人工智能研究又进入了一个寒冬。理想和现实的巨大差异，让人们认识到，当时的人工智能技术没有解决多少实际问题，没有在生产和生活中给人类很多帮助。

人工智能的第三次高潮发端于 2006 年

深度学习的概念由加拿大多伦多大学的杰弗里·辛顿（Geoffrey Hinton）教授等人于 2006 年提出，主要包括深度卷积神经网络、深度信念网络和深度自动编码器。尤其是在 2012 年，辛顿教授与他的两位博士生在参加 ImageNet 比赛时，把深度卷积神经网络与大数据、GPU 结合了起来。从 2010 年开始，每年都会举办一场全球范围内的机器视觉识别比赛，也就是上面所说的 ImageNet 比赛。ImageNet 2012 分类数据集包括了 1000 个物体类别、128 万张训练图片、5 万张验证图片、10 万张测试图片，每张图片上的物体都做了类别标签。之后他们用 128 万张图片去训练机器，结束以后让它去识别没有参加过训练的 10 万张测试图片，看它是否还可以识别出来。

结果，机器不仅辨认出来了，而且比原来的传统计算机视觉方法准确率提高了 10.9%！这么一个显著的性能提升和惊人的识别效果，立刻引起了产业界的极大关注。

前两次人工智能热潮基本上是在学术界内进行，而从 2013 年开始，跨国科技巨头纷纷开始大规模地介入，产业界逐渐成为全球人工智能的研究重心，主导并加速了人工智能技术的商业化落地。例如谷歌提出"人工智能优先"，借以重塑企业。

目前，人工智能在各方面所取得的卓著的成绩，都是前所未有的。仅以人脸识别为例，现在的人脸识别准确率已经达到了 99.82%，这在以前是难以想象的。

2012 年之后人工智能的新高潮，是一个实实在在的进步，最具代表性的成果就是深度卷积神经网络和深度强化学习这两个方面。

强化学习，也称再励学习或增强学习。1995 年，IBM 的特索罗（Tesauro）研究员利用强化学习，通过 150 万局的自弈训练，击败了西洋陆战棋的人类冠军，尽管这是一个非常简单的棋类。现在谷歌 DeepMind 开发的 AlphaGo，通过将强化学习和深度卷积神经网络有机结合，在某方面已达到了一个超人类的水平。

这些进步使得人工智能的商业价值凸显，随着越来越多的类似技术的发展，AI 的商业化之路也越走越落地。

04
人工智能的应用领域

▼

随着人工智能技术研究的不断深入，科学家逐渐认识到人脑的高度复杂和计算机的局限性，这些发现帮助我们不断把人工智能技术应用到生产和生活的诸多方面。

问题求解

人工智能的第一大成就是下棋程序，在下棋程序中应用的某些技术，如向前看几步，把困难的问题分解成一些较容易的子问题，发展成为搜索和问题归纳这样的人工智能基本技术。

今天的计算机程序已能够达到下各种方盘棋和国际象棋的锦标赛水平，但是尚未解决人类棋手具有的但尚不能明确表达的能力问题，如国际象棋大师们洞察棋局的能力。另一个问题是涉及问题的原概念，在人工智能中叫问题表示的选择，人们常能找到某种思考问题的方法，从而使求解变得容易而解决该问题。到目前为止，人工智能程序已经能够通过搜索答案的方式来找到较优的解答。

逻辑推理与定理证明

逻辑推理方法是指人们在逻辑思维过程中，根据现实材料按逻辑思维的规律形成概念、作出判断和进行推理的方法。应用逻辑推理方法，从"真的前提"必然会推出一些结论。人工智能逻辑推理研究的就是如何让计算机完成推理过程，最核心的内容是建立一个大数据库，数据库中存放着大量的信息，推理软件只关注那些与推出结论有关的信息，并且在出现一些新的信息时，修正推理方向和结论。逻辑推理方法主要有归纳法、演绎法等。归纳法是从特定事例导向一般事例，例如，小草的生长需要水分，蔬菜生长需要水分，小树没有水就会被干死，我们因此得出结论：植物生长都需要水分。演绎法常见的形式是"三段论"，有"大前提"、"小前提"和"结论"，例如，"孩子随父亲的姓氏"，"小明的父亲姓张"，我们推出"小明姓张"。因此，使用逻辑推理方法，把信息（实事）形式化（用公式和规则表达），就能够实现很多数学假设、定理的证明。这些定理的证明方法，也可以用来解决医疗诊断、信息探索等领域的问题。因此，在人工智能方法的研究中，定理证明是一个极其重要的论题。

自然语言处理

自然语言处理（natural language processing，NLP）是人工智能技术应用于实际领域的典型范例，经过多年艰苦努力，这一领域已获得了大量令人瞩目的成果。目前该领域的主要课题是，计算机系统如何以主题和对话情境为基础，注重大量的常识——通用知识和期望作用，生成和理解自然语言。这是一个极其复杂的编码和解码问题。

智能信息检索技术

受技术迅猛发展的影响，信息获取和精确量化技术已成为当代计算机科学与技术研究中迫切需要研究的课题，将人工智能技术应用于这一领域的研究是人工智能走向广泛实际应用的契机与突破口。

专家系统

专家系统是目前人工智能中最活跃、最有成效的一个研究领域，它是一种具有特定领域内大量知识与经验的程序系统。近年来,在"专家系统"或"知识工程"的研究中已出现了成功和有效应用人工智能技术的趋势。人类专家由于具有丰富的知识,所以才能拥有优异的解决问题的能力。那么计算机程序如果能体现和应用这些知识,也应该能解决人类专家所解决的问题,而且能帮助人类专家发现推理过程中出现的差错,现在这一点已被证实。例如,在矿物勘测、化学分析、规划和医学诊断方面,专家系统已经达到了人类专家的水平。成功的例子有 PROSPECTOR 系统发现了一个钼矿沉积,价值超过 1 亿美元。DENDRL 系统的性能已超过一般专家的水平,可供数百人在化学结构分析方面使用。MYCIN 系统可以为血液传染病的诊断治疗方案提供咨询意见,经正式鉴定结果,其对患有细菌血液病、脑膜炎方面的诊断和提供治疗方案的水平已超过了这方面的专家。

深度卷积神经网络和深度强化学习等弱人工智能技术,以及它们面向特定细分领域的产业应用,在大数据和大计算的支持下,在未来 5~10 年之内都会成为人工智能产品研发与产业发展的热点,必将深刻地改变人们的生产、生活方式。

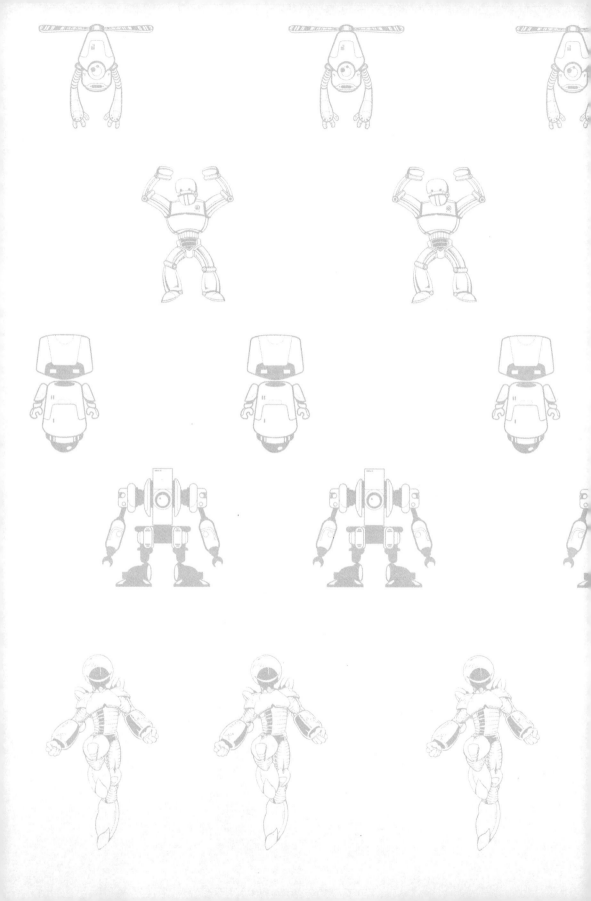

Chapter 2
人工智能的实现

/ 01 人类智能的特点

/ 02 知识与知识表示

/ 03 人工智能在计算机上的实现方法

/ 04 人工智能的主流技术

/ 05 大数据和云计算

01
人类智能的特点

▼

人工智能是用计算机模仿人类的智能,那么要实现这种模仿,我们应该从哪些工作入手呢?

我们先要了解人类的智能是什么,有哪些特点。智能是知识与智力的总和,知识是一切智能行为的基础,智力是人类获取知识并应用知识求解问题的能力。

人类的智能具有4种能力:

1. 感知能力。感知能力是指通过眼、耳、手、鼻等感觉器官感知外部世界的能力。其中大约80%以上信息通过视觉得到,10%信息通过听觉得到。

2. 记忆与思维能力。记忆是存储由感知器官感知到的外部信息及对获取信息加工所产生的新知识;思维是对记忆的信息进行处理。

思维有三种类型:

1)逻辑思维(抽象思维):依靠逻辑进行思维,思维过程是串行的,容易形式化的(用数学公式表示),思维过程具有严密性、可靠性。这种思维是我们经常用到的思维方法,例如三段论:儿子应该随父亲的姓,小明的父亲姓李,那么小明就姓李。

2)直感思维(形象思维):依据直觉,思维过程是并行协同式的,形式化困难,在信息变形或缺少的情况下仍有可能得到比较满意的结果。我们都会有直觉的经验，但是很难说清楚直觉的依据，想象力就是形象思维最直接的例子，创造力是形象思维与抽象思维共同发生作用的结果。

3）顿悟思维（灵感思维）：不定期地突然发生，具有很强的随机性和独立性，穿插于形象思维与抽象思维之中，是一种灵光一现的感觉。很多科学研究的成果都是在科学家的灵感中获得的，例如，门捷列夫发明的元素周期表。

3. 学习能力。学习能力可能是自觉的、有意识的，也可能是不自觉的、无意识的；既可以是有教师指导的，也可以是自己实践的。

4. 行为能力（表达能力）。人们的感知能力是信息的输入，行为能力是信息的输出，例如听、说、读、写、跑、跳、抓取等。

让计算机模仿人类的智能需要计算机具有智能的 4 个特征：①机器感知，使机器（计算机）具有类似于人的感知能力，以机器视觉（machine vision）与机器听觉为主；②机器学习（machine learning），使计算机具有类似于人的学习能力，使它能通过学习自动地获取知识；③机器思维，对通过感知得来的外部信息及机器内部的各种工作信息进行有目的的处理；④机器行为，计算机的表达能力，即"说"、"写"、"画"等能力。

机器感知可以通过各种先进的传感器获得，传感器的精度越高，获得的信息也越全面，但是需要处理的数据也就越多。以视觉为例，我们的手机拍摄照片，像素越来越高，图片占用的存储空间越来越大，计算机处理这些图片时，耗费的计算资源和时间也就越来越多，所以，为了提高计算效率，不一定要追求传感器的精度。

机器学习是计算机提高智能的最重要的手段，也是思维和决策的基础。学习、记忆、思维是密不可分的几个过程。计算机的存储量很大，检索读取数据非常快，但是，现阶段计算机没有记忆能力，仅仅是存储数据，无法通过思维加工出新的信息并记录下来。

那么计算机是如何掌握人类的知识，然后能够像人类一样地记忆、思考和加工获得的知识，像人一样地理解、处理学习到的知识，最后实现能够像人一样地决策并输出决策——执行？这个让计算机接收人类知识的过程叫作知识表示。

02 知识与知识表示

什么是知识？知识并没有统一而明确的定义，一般来说，知识就是人类在实践中认识客观世界（包括社会和人等）的成果，是人类进行智能活动的基础。

亚里士多德将人类知识分为三大类：理论的知识、实践的知识和创制的知识。他所说的"理论的知识"包括第一哲学及神学、数学、物理学等。他认为，理论的知识优于实际的和应用的知识。在理论的知识中，第一哲学又优于数学、物理学。实际的知识包括伦理学、经济学、政治学等；应用的知识可以划分为应用学、美术、修辞学等。亚里士多德关于知识的分类可归纳为下表。

亚里士多德的知识分类

人类知识	理论知识	第一哲学、神学
		数学
		物理学
	实践知识	伦理学
		经济学
		政治学
	创制知识	应用学
		美术
		修辞学

英国著名哲学家培根认为，人类获取知识的手段有记忆、想象、理性三种。因此，根据获取手段，人类知识相应地划分为史学、诗学、哲学（或科

学）三大类，培根的知识分类简表见下表。

培根的知识分类简表

人类知识	记忆：历史学	自然历史
		人类历史
	想象：诗学	
	理性：哲学（科学）	数学
		物理学
		玄学（哲学）

为了让计算机能够像人类学习一样，首先就要教会它人类的知识。在人工智能科学中，将知识按照其作用和作用的层次重新分类如下。

按其作用可大致分为三类。

1）描述性知识：表示对象及概念的特征及其相互关系的知识，以及问题求解状况的知识，也被称为事实性知识。

2）判断性知识：表示与领域有关的问题求解知识，如推理规则等，也被称为启发性知识。

3）过程性知识：表示问题求解的控制策略，即如何应用判断性知识进行推理的知识。

按照作用的层次，知识可以被分成以下两类。

1）对象级知识：直接描述有关领域对象的知识，或被称为领域相关的知识。

2）元级知识：描述对象级知识的知识，如关于领域知识的内容、特征、应用范围、可信程度的知识，以及如何运用这些知识的知识，也被称为关于知识的知识。

知识还具有几个重要的特性。

1）知识是人通过实践，认识客观世界规律性的产物。

2）知识在信息的基础上增加了上下文信息，提供了更多的意义，因此也就更加有用和有价值。

3）知识是随着时间的变化而动态变化的，新的知识可以根据规则和已有的知识推导出来。

4）知识是经过加工的信息，它包括事实、信念和启发式规则。事实是关于对象和物体的知识；规则是有关问题中与事物的行动、动作相联系的因果关系的知识。

我们讨论了这么多关于知识的话题，那么如何让计算机能够掌握人类的知识呢？这就需要一种描述知识的方式，将人类的知识表示成计算机能够接受并加工、运用的公式或者数字，这个过程就是**知识表示**。知识表示在人工智能系统（智能体，如智能机器人、自动语音应答机等）的建造中起到关键作用，以适当方式表示知识，才能够让智能体展示出智能行为。

知识表示的方式有很多种，包括谓词逻辑表示法、产生式表示法、语义网络表示法、框架表示法、脚本、状态空间表示法、面向对象的知识表示等，我们下面来看一个产生式表示法的例子。

产生式表示法又称规则表示法，表示一种条件—结果形式，是目前应用最多的一种知识表示方法，也是一种比较成熟的表示方法。产生式表示法适用于表示具有因果关系的知识，其一般形式为：前件→后件，前件为条件，后件为结果，由逻辑运算符"并且、OR、NOT"组成表达式。

例如，我们要识别虎、金钱豹、斑马、长颈鹿、企鹅、鸵鸟、信天翁这7种动物。为了实现对这些动物的识别，首先建立一个有15条推理规则的规则库（规则1用R_1表示，规则2用R_2表示，以此类推）：

R_1：如果　该动物有毛　　　　　　　　那么　该动物是哺乳动物
R_2：如果　该动物产奶　　　　　　　　那么　该动物是哺乳动物
R_3：如果　该动物有羽毛　　　　　　　那么　该动物是鸟
R_4：如果　该动物会飞并且会下蛋　　　那么　该动物是鸟
R_5：如果　该动物吃肉　　　　　　　　那么　该动物是食肉动物
R_6：如果　该动物有犬齿并且有爪并且　那么　该动物是食肉动物
眼盯前方
R_7：如果　该动物是哺乳动物并且有蹄　那么　该动物是有蹄类动物
R_8：如果　该动物是哺乳动物并且是反　那么　该动物是有蹄类动物
刍动物

R_9：如果　该动物是哺乳动物并且是食　那么　该动物是金钱豹
肉动物并且是黄褐色并且身上有暗斑点

R_{10}：如果　该动物是哺乳动物并且是食　那么　该动物是虎
肉动物并且是黄褐色并且身上有黑色条纹

R_{11}：如果　该动物是有蹄类动物并且有　那么　该动物是长颈鹿
长脖子并且有长腿并且身上有暗斑点

R_{12}：如果　该动物是有蹄类动物并且身　那么　该动物是斑马
上有黑色条纹

R_{13}：如果　该动物是鸟并且有长脖子并　那么　该动物是鸵鸟
且有长腿并且不会飞并且有黑白二色

R_{14}：如果　该动物是鸟并且会游泳并且　那么　该动物是企鹅
不会飞并且有黑白二色

R_{15}：如果　该动物是鸟并且善飞　　　那么　该动物是信天翁

识别动物基本想法是：首先根据一些比较简单的条件，如"有毛"、"有羽毛"、"会飞"等对动物进行比较粗的分类，如"哺乳动物"、"鸟类"等，然后随着条件的增多，逐步缩小分类范围，最后给出分别7种动物的规则。例如，要识别虎和长颈鹿，推理过程如下：

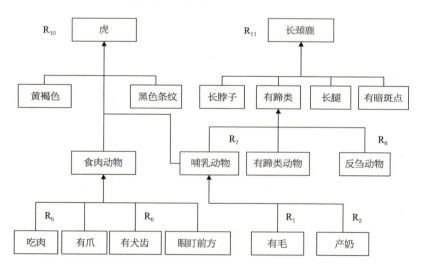

人类的知识非常丰富，并且随着人类不断的探索，知识越来越丰富。对于一些复杂的过程，我们需要来考虑的因素会非常多。

03
人工智能在计算机上的实现方法

通过知识表示和推理，计算机具有了人类的知识体系和推理实现能力，下一步就是在计算机上实现人工智能。人工智能在计算机上实现时有两种不同的方式。

第一种是采用传统的编程技术，使系统呈现智能的效果，而不考虑所用方法是否与人或生物机体所用的方法相同。这种方法叫工程学方法（engineering approach），目前这种方法已在很多领域得到成功的应用，如文字识别、下棋等。

第二种是模拟法（modeling approach），它不仅要看效果，还要求实现方法也和人类或生物机体所用的方法相同或相类似。遗传算法（genetic algorithm，GA）和人工神经网络均属这一类型。遗传算法模拟人类或生物的遗传进化机制，人工神经网络则是模拟人类或动物大脑中神经细胞的活动方式。

为了得到相同智能效果，两种方法通常都可使用。采用第一种方法，需要人工详细规定程序逻辑。如果逻辑简单，则很方便实现。如果是复杂任务，考虑的因素、条件等参数不断增加，相应的逻辑就会很复杂（复杂度呈指数式增长），人工编程就会非常烦琐，容易出错。而一旦出错，就必须修改原程序，重新编译、调试，还要为用户不断提供新的版本或提供新补丁，非常麻烦。

例如，在制作游戏过程中采用第二种方法时，编程者要为每一个角色设计一个智能系统（一个模块）来进行控制，这个智能系统（模块）开始什么也不懂，就像初生婴儿那样，但它能够学习，能渐渐地适应环境，应付各种复杂情况。这种系统开始也常犯错误，但它能吸取教训，下一次运行时就可能改正，至少不会永远错下去，用不着频繁地发布新版本或打补丁。利用这种方法来实现人工智能，要求编程者具有生物学的思考方法，入门难度高一点。但一旦入门，就可得到广泛应用。由于用这种方法编程时无须对角色的活动规律做详细规定，所以在应用于复杂问题时，通常会比前一种方法更省力。

04 人工智能的主流技术

十大热门技术

AI 技术应用市场如火如荼,越来越多的初创公司起步源于 AI 技术,互联网巨头们更是争相收购业绩出色的技术公司。根据 2016 年 Narrative Science 公司的一项调查发现,全球 38% 的企业已经在使用 AI 技术,并预计到 2018 年将增长至 62%。IDC 公司估计,AI 市场将从 2016 年的 80 亿美元增长到 2020 年的 470 亿美元。

2017 年以来,10 种最热门的 AI 应用技术如下:

1)自然语言生成:从计算机数据生成文本,目前用于客户服务、报告生成、总结商业智能洞察力。

2)语音识别:将人类语音转换成有用的计算机应用程序,目前用于交互式语音响应系统和移动应用。

3)虚拟代理:这项技术是"媒体当前的宠儿",从简单的聊天机器人到可以与人类友好互动的高级系统,目前用于客户服务和支持岗位,还能将其视为一个聪明的家庭管家。

4)机器学习平台:提供算法、api、开发和培训工具包、数据,以及计算能力来设计、培训和部署模型到应用程序、流程和其他机器上，目前广泛应用于企业应用，主要涉及预测或分类。

5）AI-优化硬件：图形处理单元（GPU）与专门设计和架构的设备，以有效地运行面向对象的计算工作，目前在深度学习方面有很多成功的应用。

6）决策管理：将规则和逻辑插入人工智能系统的引擎，用于初始设置/培训和持续的维护和调优，它被广泛应用于各种企业应用、协助或执行自动化决策。

7）深度学习平台：一种特殊类型的机器学习，由具有多个抽象层的人工神经网络组成，目前主要用于模式识别和分类应用，能够支持庞大的数据集。

8）生物识别技术：使人类和机器之间能够进行更多的自然互动，包括但不限于图像和触摸识别、语言和肢体语言，目前主要用于市场研究。

9）机器人过程自动化：使用脚本和其他方法来自动化人类活动，以支持高效的业务流程，目前用于执行自动化任务的过程都存在一些问题，要么是成本太高，要么是效率太低。

10）文本分析和 NLP：NLP 使用和支持文本分析，通过统计和机器学习方法促进对句子结构和意义、情绪和意图的理解，目前用于欺诈检测和安全、广泛的自动化助理，以及挖掘非结构化数据的应用程序。

机器学习和深度学习

上述十大应用技术的核心算法，源于神经网络、机器学习和深度学习。

1990 年，人工智能进入机器学习时期。机器学习是人工智能研究的核心内容。它的应用已遍及人工智能的各个分支，如专家系统、自动推理、自然语言理解、模式识别、计算机视觉、智能机器人等领域。机器学习的科学基础之一是神经科学，然而对机器学习进展产生重要影响的是以下 3 个发现，分别是：

1）巴贝兹（James Papez）关于神经元是相互连接的发现；

2）麦卡洛克与皮特斯关于神经元工作方式是"兴奋"和"抑制"的

发现；

3）赫布的学习律（神经元相互连接强度的变化）的发现。

其中，麦卡洛克与皮特斯的发现对近代信息科学产生了巨大的影响。对于机器学习，这项成果给出了近代机器学习的基本模型，加上指导改变连接神经元之间权值的赫布学习律，成为目前大多数流行的机器学习算法的基础。

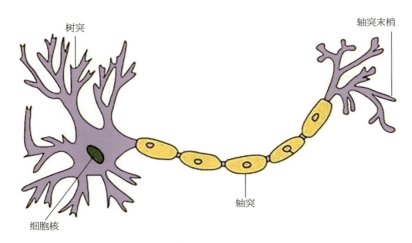

神经元结构图

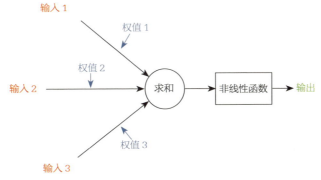

神经元模型示意图

神经元模型包含有3个输入，1个输出，以及2个计算功能。注意中间的箭头线。这些线称为"连接"。每个有一个"权值"。一个神经网络的训练算法就是让权重的值调整到最佳，以使得整个网络的预测效果最好。

1985年，辛顿等人提出了一个可行的算法，称为玻尔兹曼（Boltzmann）机模型。他们借用了统计物理学的概念和方法，首次提出了多层网络的学习算法。1986年，鲁姆哈特和麦克莱兰（McClelland）等提出并行分布处理（parallel distributed processing，PDP）的理论。一群神经科学和认知科学家意识到，他们的研究属于并行分布式处理。

并行分布式处理的兴起提出了一个思路：人类的认知和行为来自动态的、分布式交互，并且基于神经网络内单一类神经元的处理单元，通过学习进程来对交互进行调整，通过调整参数，以将误差最小化，将反馈最大化。在各个地方，神经科学为架构和算法的范围提供了初步指导，从而引导人工智能成功应用神经网络的概念。

在过去的几年间，由于神经网络或者"深度学习"方法的飞速发展，人工智能已经发生了一场变革，这些人工智能方法的起源都直接来自神经科学。神经计算的研究以建设人工的神经网络作为开端，这些神经网络能计算逻辑函数。之后有人提出了其他的一些机制，认为神经网络中的神经元可能可以逐步地从监督式的回馈或者非监督方法中有效的编码环境统计下进行学习。这些机制打开了人工神经网络研究的另一扇大门，并且提供了当代对深度学习进行研究的基础。费尔德曼（Feldmann）和巴拉德（Ballard）的连接网络模型指出了传统的人工智能计算与生物的"计算"的区别，提出了并行分布处理的计算原则。

机器学习

机器学习的概念来自早期的人工智能研究者。已经研究出的算法包括决策树学习、归纳逻辑编程、增强学习和贝叶斯网络等。简单地说，机器学习就是使用算法分析数据，从中学习并做出推断或预测。与传统的使用特定指令集手写软件不同，科研人员使用大量数据和算法来"训练"机器，由此使机器学习如何完成任务。

亚瑟·塞缪尔（Arthur Samuel）在IBM的 *Journal of Research and Development*

期刊上发表的一篇名为 *Some Studies in Machine Learning Using the Game of Checkers* 的论文中，将机器学习非正式定义为"在不直接针对问题进行编程的情况下，赋予计算机学习能力的一个研究领域"。

而后，汤姆·米切尔（Tom Mitchell）在计算机科学丛书《机器学习》（*Machine Learning*）一书的序言中给出了一个更为广泛引用的定义"机器学习这门学科所关注的问题是：计算机程序如何随着经验积累自动提高性能"。

举个例子，想象一下有一个邮箱过滤程序接收到一封邮件，该程序如何判断这封邮件是不是垃圾邮件呢？首先程序会分析这封邮件是否曾被标记为垃圾邮件，基于这个学习到的经验，该过滤程序可过滤掉垃圾邮件。

我们可以看一个生活中的案例，例如，假设有一天我去购买橘子，老板摆了满满的橘子，我会挑选一些橘子后让老板称重，然后根据重量付款购买。显然，我希望挑选相对更甜一些的橘子，因为我是根据重量付款而不是根据质量。那么我应该怎么挑选橘子呢？有人曾教过我：亮黄色的橘子比暗黄色的橘子更甜一些，所以就有了一个简单的规则：只挑选亮黄色的橘子。是不是很简单？其实并不是这么简单，生活总会更加复杂。我回家吃了这些橘子之后，会觉得有的橘子味道并不好……很显然，人们教的方法很片面，挑选橘子的因素有很多，而不只是根据颜色。在经过大量思考，并且试吃了很多不同类型的橘子之后，我又得出一个结论：相对较大的亮黄色橘子肯定是甜的，而相对较小的亮黄色橘子只有一半是甜的。我会因自己得出的结论很开心，然后下次去买橘子的时候就根据这个结论去买橘子。但是下次去买橘子的时候，我喜欢的那家店关门了……这个买橘子的例子和筛选垃圾邮件的例子是一样的道理，都是学习经验，然后去找到我们想要的东西。

接下来，我只能去买别家的橘子，不过别家的橘子和之前常去的那家店的橘子不是一个产地的。结果我发现之前得出的结论不适用了，我也不知道能不能把之前的经验迁移过去（transfer learning），于是只能从头再开始尝试，发现这里小的、浅黄色的是最甜的！

这时候假设家里来了朋友，我摆了一些橘子给他们吃，但是我朋友说他并不是很在意橘子甜不甜，他更加喜欢多汁的橘子。这一次，我根据之前的经验，又尝了所有类型的橘子，然后发现：软一点的橘子比较多汁。

后来，我又因为工作原因搬家，在新的地方我发现这里的橘子和家乡的橘子不一样，这里的橘子绿色的实际上会比黄色的更甜一点……

过了几天，我家里来了个妹妹，妹妹竟然不喜欢橘子，喜欢苹果，所以我只得去买苹果。我之前所有实践得出的挑选橘子的知识都没用了，需要根据之前挑橘子的经验，用相同的办法重新研究一遍什么样的苹果口感最好。

现在想象一下，我们如果写一个程序来挑选橘子（或者苹果），我会写出类似如下的规则：

如果颜色亮黄并且个头比较大，并且为卖家 X，那么橘子是甜的；

如果比较软，那么橘子多汁……

这就是我挑橘子时用到的规则。如果把它发给朋友们，相信朋友们也能学会买到适合自己口味的橘子。

但问题来了，每次我在试验之后得出了观察结果，我都得把规则做一番修正，还需要了解清楚都有哪些因素在影响橘子的品质。如果问题复杂起来的话，我在上面耗费的心血甚至都有可能拿个"最会挑选橘子的博士学位"。

机器学习算法是普通算法的进化版本，它会让程序变得"更聪明"，能从我们提供的数据里自动学到东西。

我在市场上随机选择了某个品种的橘子（这个过程叫作"训练数据"），把每个橘子的物理特征都写进一个表格——颜色、大小、形状、产地、所属果摊等（特征），并且对甜度、多汁程度、成熟度（输出变量）也做了记录。然后我把这些数据都放进一个机器学习算法，然后这个算法就会自动从橘子的物理特征和品质之间得出一个相关性模型。

下次到市场的时候，我把在售橘子的特征信息都收集起来，再放进机器学习算法，它就会利用之前计算出来的模型来预测哪些橘子是甜的、熟的、多汁的。该算法可能会使用和我之前手写的差不多的规则，也有可能使用的规则会更有相关性。不管怎样，在很大程度上我都不用再操太多心。更重要的是，我的算法还能继续演进（reinforcement learning），读取更多的数据，准确率也会更高，每次预测错误后还能进行自我修正。

更妙的是，我还能用同一个算法来训练不同的模型，去预测苹果、橙子、香蕉、葡萄、樱桃、西瓜等的口味。

深度学习

深度学习是实现机器学习的一种技术。前面我们提到的机器学习研究者开发了一种叫作人工神经网络的算法，但是发明之后数十年都默默无闻。人工神经网络是受人类大脑的启发而来的：神经元之间有相互连接关系，但是，人类大脑中的神经元可以与特定范围内的任意神经元连接，而人工神经网络中数据传播要经历不同的层，传播方向也不同。

举个例子，可以将一张图片切分为小块，然后输入神经网络的第一层中。在第一层中做初步计算，然后神经元将数据传至第二层，由第二层神经元执行任务，依次类推，直到最后一层执行任务，然后输出最终的结果。

每个神经元都会给其输入指定一个权重：相对于执行的任务，该神经元执行的正确和错误程度。最终的输出由这些权重共同决定。我们再来看一个例子。一张人脸的照片，被一一细分，然后被神经元"检查"：形状、颜色、五官的位置、五官之间的距离大小和是否存在运动。神经网络的任务是判断这是否是一个熟悉的人脸。它将给出一个"概率向量"（probability vector），这其实是基于权重做出的猜测结果。在一些电视节目中，我们看到过这样的场景：让人工智能机器看一个孩子的脸，再看 16 对父母的脸，然后让人工智能程序从 16 对父母中找到孩子的父母。人工智能程序会分别给出每一对父母是孩子父母的可能性，最后给出 2 个可能性最大的作为结果。网络架构会告知神经网络其判断是否正确。不过，即使是最基础的神经网络也要耗费巨大的计算资源。如果我们人脸识别会经常给出错误的答案，说明还需要不断地训练。它需要成千上万张图片，甚至数百万张图片来训练，直到神经元输入的权重调整到非常精确，几乎每次都能够给出正确答案。

如今，在某些情况下，通过深度学习训练过的机器在图像识别上的表现优于人类，这包括找猫、识别血液中的癌症迹象等。

强化学习

神经科学除了在深度学习发展中发挥了重要作用之外,还推动了强化学习的出现。强化学习方法解决了如何通过将环境中的状态映射到行动中,来获得未来奖励的最大化问题。这句话可以用一个例子来粗略地解释一下:我们人类走路,会遇到很多障碍,我们可能用多种方法绕过这些障碍。对于刚刚学会走路的孩子来说,不知道如何绕过这些障碍,孩子要向成年人学习绕过障碍的方法,孩子学习的原则就是在未来他自己处理绕过这个障碍的时候,付出的代价最小。

强化学习是智能体(Agent)以"试错"的方式进行学习,通过与环境进行交互获得的奖赏来指导行为,目标是使智能体获得最大的奖赏。强化学习中由环境提供的强化信号对产生动作的好坏做出一种评价(通常为标量信号),而不是告诉强化学习系统(reinforcement learning system,RLS)如何去产生正确的动作。由于外部环境提供的信息很少,RLS 必须靠自身的经历进行学习。通过这种方式,RLS 在行动—评价的环境中获得知识,改进行动方案以适应环境。

强化学习把学习看作试探的评价过程,智能体选择一个动作用于环境,环境接受该动作后状态发生变化,同时产生一个强化信号(奖或惩)反馈给智能体,智能体根据强化信号和环境的当前状态再选择下一个动作,选择的原则是使受到正强化(奖)的概率增大。选择的动作不仅影响当前时刻强化值,而且影响环境下一时刻的状态及最终的强化值。

人工智能的根本在于智能,而机器学习则是部署支持人工智能的计算方法。简单地讲,人工智能是科学,机器学习是让机器变得更加智能的算法,机器学习在某种程度上成就了人工智能,因为机器学习算法、深度学习和神经网络让计算机有了一点学习功能,尽管很弱,但是已经能够帮助我们做很多事情了,例如,火车站的刷脸进站、机场的电子通关、银行的自动语音应答机等。

05 大数据和云计算

在过去几年中，人工智能出现了爆炸式的发展，尤其是 2015 年之后。大部分原因，要归功于 GPU 的广泛应用，这使得并行处理更快、更强大。另外，人工智能的发展还得益于几乎无限的存储空间和海量数据的出现，图像、文本、交易数据、地图数据，应有尽有。

随着各种机器学习算法的提出和应用，特别是深度学习技术的发展，人们希望机器能够通过对大量数据分析，从而自动学习知识并实现智能化水平。处理大数据的需求促进了计算机硬件水平的提升和大数据分析技术的飞速发展，机器采集、存储、处理数据的水平也有了大幅度提高。特别是深度学习技术对知识的理解比之前浅层学习有了很大的进步，AlphaGo 和围棋高手过招大幅领先就是人工智能的高水平代表之一。

早在 1980 年，著名的未来学家阿尔文·托夫勒便在《第三次浪潮》一书中，明确提出"数据就是财富"，将大数据称为"第三次浪潮的华彩乐章"。他认为，第一次浪潮是农业阶段，约 1 万年前开始；第二次浪潮是工业阶段，17 世纪末开始；第三次浪潮是信息化阶段，20 世纪 50 年代后期开始。"如果说 IBM 的主机拉开了信息化革命的大幕，那么大数据才是第三次浪潮的华彩乐章。"大约从 2009 年开始，"大数据"才成为互联网信息技术行业的流行词汇。

大数据有着以下4个显著的特征。

1）数据体量巨大。百度资料表明，其首页导航每天需要提供的数据超过1.5PB（1PB约为10^{15}字节），这些数据如果打印出来将超过5000亿张A4纸。有资料证实，到目前为止，人类生产的所有印刷材料的数据量仅为200PB。

2）数据类型多样。现在的数据类型不仅是文本形式，更多的是图片、视频、音频、地理位置信息等多类型的数据，个性化数据占绝对多数。

3）处理速度快。这是大数据区分于传统数据挖掘的最显著特征。在海量的数据面前，处理数据的效率就是企业的生命。数据处理遵循"1秒定律"，可从各种类型的数据中快速获得高价值的信息。

4）价值密度低。价值密度的高低与数据总量的大小成反比。以视频为例，1个小时的视频，在不间断的监控过程中，可能有用的数据仅仅只有一两秒。

大数据与大规模数据有着本质的区别。①从对象角度看，大数据是超出典型数据库软件采集、储存、管理和分析等能力的数据集合。大数据并非大量数据的简单无意义的堆积，数据量大并不意味着一定具有很好的利用价值。数据间是否具有结构性和关联性，也是"大数据"与"大规模数据"的重要差别。②从技术角度看，大数据技术是从各种各样类型的大数据中，快速获得有价值信息的技术及其集成。"大数据"这一概念中包含着对数据对象的处理行为。大数据技术是使大数据中所蕴含的价值得以挖掘和展现的重要工具。③从应用角度看，大数据是对特定的大数据集合、集成应用大数据技术、获得有价值信息的行为。正由于与具体应用紧密联系，甚至是一对一的联系，才使得"应用"成为大数据不可或缺的内涵之一。典型的大数据的应用已在医疗行业、能源行业、通信行业和零售业等行业展开。

云计算是基于互联网相关服务的增加、使用和交付模式，通常涉及通过互联网来提供动态易扩展且经常是虚拟化的资源。

对云计算的定义有多种说法。对于到底什么是云计算，可以找到很多种的解释。目前广为接受的是美国国家标准与技术研究院（NIST）对云计算的定义：云计算是一种按使用量付费的模式，这种模式提供可用的、便捷的、按需的网络访问，进入可配置的计算资源共享池（资源包括网络、服务器、存储、应用软件、服务），这些资源能够被快速提供，只需投入很少的管理工作，或与服务供应商进行很少的交互行为。简单来说，云计算就是政府和企业将需要计算的信息，通过网络交由云计算平台来计算，然后通过广泛的数据和信息共享，得到针对性比较强的统计信息、数据分析结果。例如，通过云计算平台，分析全国或全省的市场运行趋势，这个信息是无法在一台计算机中完成的，一是没有大量的数据量，二是计算量太大，而通过云计算平台，就可以在较短时间（甚至是实时）得到信息，然后就可以针对市场的情况、潜在的企业投资商、潜在的客户来进行招商引资、生产产品等。

云计算再一次改变了数据的存储和访问方式。在云计算出现之前，数据大多分散存储在每个人的个人电脑、每家企业的服务器中。云计算，尤其是公用云计算，把所有的数据集中存储到"数据中心"，也即所谓的"云端"，用户通过浏览器或者专用应用程序来访问。

云计算是大数据诞生的前提和必要条件。没有云计算，就会缺少数据集中采集和存储的商业基础，而云计算为大数据提供了存储空间和访问渠道；大数据则是云计算的灵魂和必然的升级方向。

人工智能与大数据

如果我们把人工智能看成一个嗷嗷待哺但拥有无限成长空间的"婴儿"，某一领域专业的、海量的、深度的数据就是喂养这个"天才"的"奶粉"。奶粉的数量影响着婴儿是否能长大，而奶粉的质量则影响着婴儿后续的智力发育水平。

与以前的众多数据分析技术相比，人工智能技术立足于神经网络，同时发展出多层神经网络，从而可以进行深度机器学习。与以往传统的算法相比，这种算法并无多余的假设前提（例如，线性建模需要假设数据之间的线性关系），而是完全利用输入的数据自行模拟和构建相应的模型结构。这样的算法特点决定了它是更为灵活的，且可以根据不同的训练数据而拥有自优化的能力。

但这样的显著优点带来的便是显著增加的运算量。在计算机运算能力取得突破之前，这样的算法几乎没有实际应用的价值。大概十几年前，科学家尝试用神经网络运算一组并不海量的数据，整整等待3天都不一定会有结果。但今天的情况却大大不同了，高速并行运算、海量数据、更优化的算法共同促成了人工智能发展的突破，这一突破所释放的力量将再次改变我们的生活。

人工智能与云计算

人工智能是程序算法和大数据结合的产物，而云计算是程序的算法部分，物联网是收集大数据的根系的一部分。可以简单地认为：人工智能＝云计算＋大数据（一部分来自物联网）。随着物联网在生活中的逐步应用，它将成为大数据最大、最精准的数据来源。

人工智能的先驱们在达特茅斯学院开会时，心中的梦想是希望通过当时新兴的计算机，打造拥有相当于人类智能的复杂机器。这就是我们所说的"通用人工智能"（general AI）概念，拥有人类5种感知（甚至更多）、推理能力及人类思维方式的神奇机器。我们在电影中已经看过无数这样的机器人，如 C-3PO、终结者等。通用人工智能机器人至今只存在于电影和科幻小说里，理由很简单：至少到目前为止人们还实现不了。

尽管大数据和云计算为人工智能的研究和应用提供了基础和保障，但是，现阶段我们力所能及的是研究"弱人工智能"：执行特定任务的水平与人类相当，甚至超越人类的技术。现实中有很多弱人工智能的例子，例如，智能家居主要是基于物联网技术，通过智能硬件、软件系统、云计算平台构成一套完整的家居生态圈。用户可以进行远程控制设备，设备间互联互通并进行自我学习等，来整体优化家居环境的安全性、节能性、便捷性等。物流行业通过利用智能搜索、推理规划、计算机视觉及智能机器人等技术在运输、仓储、配送、装卸等流程上已经进行了自动化改造，能够基本实现无人操作。人们可以利用大数据对商品进行智能配送规划，优化配置物流供给、需求匹配、物流资源等。

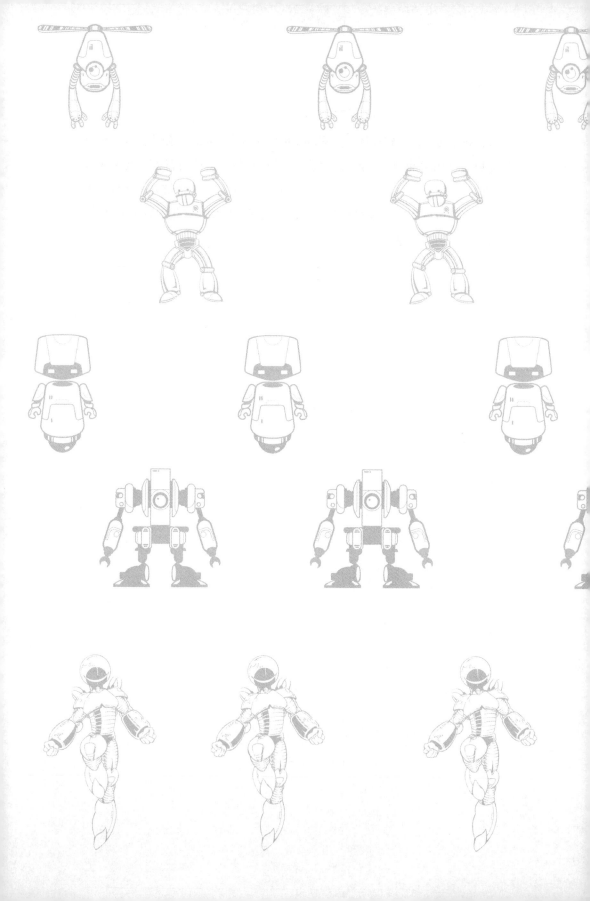

Chapter 3
人工智能之机器视觉

/ 01 机器视觉是什么

/ 02 机器视觉的优势

/ 03 机器视觉技术简介

/ 04 机器视觉实例之指纹识别

/ 05 机器视觉实例之人脸识别

/ 06 机器视觉实例之步态识别

/ 07 机器视觉实例之虹膜识别

01
机器视觉是什么

什么是机器视觉（machine vision）？制造工程师协会对它是这样描述的：机器视觉就是使用光学非接触式感应设备自动接收并解释真实场景的图像以获得信息控制机器或流程。

这到底是什么意思呢？简单来说，机器视觉或者计算机视觉（computer vision）是通过智能摄像头代替人眼进行测量和判断，是模式识别研究的一个重要方面，更在很多方面有远超人眼的优势。计算机视觉是一门研究如何使机器"看"的科学，通常分为低层视觉与高层视觉两类。低层视觉主要执行预处理功能，如边缘检测、移动目标检测等，主要目的是更准确地识别目

无人驾驶技术通过计算机视觉识别出前方道路和对面来车

标。高层视觉主要是在识别目标的基础上，对目标所处的事态进行分析，需要掌握与目标相关的知识。

机器视觉的前沿课题包括：实时图像的并行处理，实时图像的压缩、传输与复原，三维景物的建模识别，动态视觉等。机器视觉系统还可以理解为通过图像采集装置将被采集的目标转换成图像信号，传送给专用的图像处理系统，系统会根据像素分布的宽度、颜色的灰度、亮度等信息，将采集的目标转换成数字信号，图像系统对这些信号进行多层次的处理，抽取目标的特征，并在数据库中进行比对，进而根据辨别的结果来实现对应的操作。机器视觉的研究方向是使计算机具有通过二维图像认知三维环境信息的能力，能够感知与处理三维环境中物体的形状、位置、姿态、运动等几何信息。

02
机器视觉的优势

▼

人类视觉系统的感受部分是视网膜,它是一个三维采样系统。在感知过程中,三维物体通过人眼观察到的部分会被投影到视网膜上,然后按照投影到视网膜上的二维图像经过思维判断来对该物体进行三维理解。机器视觉系统最基本的特点就是提高识别的灵活性和自动化程度,主要用计算机来模拟人的视觉功能,而且不仅仅是人眼的简单延伸,更重要是从客观的图像中提取重点信息,并对所需要的部分进行处理并加以理解,最终用于实际检测、测量和控制。在一些不适于人工作业的危险工作环境、对人眼损害较大的环境、人眼难以满足要求的场合,机器可以在重复性工业生产过程中 7×24 小时无休止地工作,用人工视觉检查产品质量效率低且精度不高,用机器视觉检测方法大大提高了生产的效率和自动化程度,更有效地提高了投入产出比。另外,机器视觉的最大优点是与被观测的对象无直接接触,因此对观测者和被观测者都不会产生任何损伤,防止了元件的损伤,十分安全可靠——这是其他方式无法比拟的。机器视觉系统可以快速获取大量信息,而且易于自动处理,也易于同设计信息及加工控制信息集成,用机器视觉检测方法可以大大提高生产效率和生产的自动化程度,易于实现信息集成。人类视觉擅长于对复杂、非结构化的场景进行定性解释,能够更快地理解、掌握新的事物与环境。机器视觉拥有更快的检测速度、更高的精度和可重复性等优势,擅长于对结构化场景进行定量测量，擅长在固定的场所进行高强度的检测工作。例如，在生产流水线上，机器视觉系统每分钟能够对成百上千的元件进行检测。配备适当分辨率的相机和光学元件后，机器视觉系统能够轻松检验小到人眼无法看到的物品细节特征。机器视觉与人类视觉相似，且更具独特的优势，随着科技的发展机器视觉的应用前景越来越广泛，部分战略目标可见下表。

机器视觉在实现战略目标过程中的重要作用

战略目标	机器视觉应用
提高质量	检验、测量、加量和装配验证
提高生产率	以前由人工执行的重复性任务，现在可通过机器视觉系统来执行
生产灵活性	测量和计算/机器人引导/预先操作验证
减少机器停机时间，缩短设置时间	可预先进行工件转换编程
更全面的信息，更严格的流程控制	人工任务现在可以提供计算机数据反馈
降低资本设备成本	通过为机器添加视觉，可提高机器性能，避免机器过早报废
降低生产成本	一套视觉系统与许多操作员相比，在生产过程中及早检测到产品瑕疵
降低废品率	检验、测量和计算
库存控制	光学字符识别和机器视觉识别
减少车间占用空间	视觉系统与操作员相比

03
机器视觉技术简介

机器视觉检测技术

　　机器视觉检测技术是 2018 年发展起来的一项新技术，是精密测试技术领域内最具有发展潜力的新技术。它是利用光机电一体化的手段使机器具有视觉的功能。将机器视觉引入检测领域，可以在很多场合实现在线高精度、高速测量。综合运用了电子学、光电探测、图像处理和计算机技术，是一种能完成各种视觉任务的通用视觉信息系统，即建立类似于人类视觉系统功能的机器视觉系统，并且通过建立专用视觉系统平台，逐渐发展到完善的通用视觉系统，如视觉平台、高度智能化的视觉机器人等，从而实现对物体（如产品）的三维尺寸或位置的快速测量，具有非接触、速度快、柔性好等突出的优点，在现代制造业中有着重要的应用前景。可以预计的是，随着机器视觉技术逐步成熟和发展，它将在现代和未来工业制造企业中得到越来越广泛的应用。

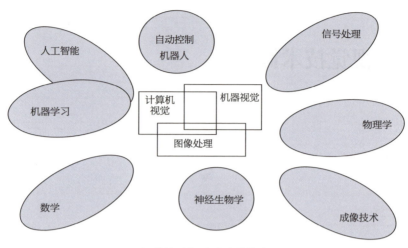

视觉检测相关的关键技术

机器视觉主要由视觉传感器（如工业相机）代替人眼获取客观事物的二维图像，并利用计算机来模拟人的视觉感应或再现与人类视觉有关的某些职能行为，其主要做法是从图像中提取信息、传递信息，并进行处理与分析，最终用于实际的检测、测量与控制，这个过程即是一个图像处理的过程。

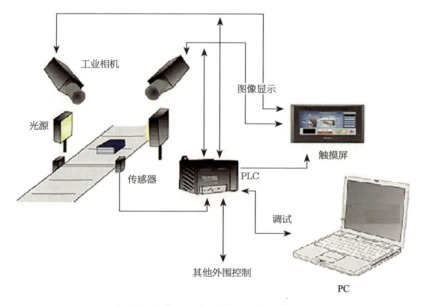

机器视觉在工业中的应用结构示意图

图像处理最基本的步骤分为：预处理、边缘检测、阈值分割和图像匹配。通过这些步骤，达到识别出图像中敏感区域，也就是我们感兴趣的图像区域的目的。但是，图像处理无法理解图像的内容，仅是将图像中的某些部分与已知模板对比，获取二者的差别。

图像预处理

图像预处理的主要作用是为了清除二维图像中的视觉干扰，恢复有用的真实信息，增强有关信息的可检测性和最大限度地简化数据，提高数据比对过程中的特征性，从而改进特征抽取、图像分割、匹配和识别的可靠性。

（a）原始图像　　　　　　　（b）处理后图像

原始图像及处理后的图像

边缘检测

当人眼识别一个目标时，会先锁定目标，排除目标之外的事物，然后对所识别的目标进行分析；而计算机视觉系统认识目标，先是把图像边缘与背景分离出来，其次是感知图像细节，并辨认出图像的轮廓。实现以上两个步骤最常用的就是边缘检测算法。该算法的基本原理如下：滤波（在尽量保留图像细节特征的条件下对目标图像不必要或多余的干扰信息进行抑制）、增强（边缘增强一般通过计算梯度幅值来完成）、检测（确定哪些点是梯度幅值——梯度幅值阈值判据）、定位（边缘位置可在子像素分辨率上估计）。

图像处理过程示意图

🤖 阈值分割

原始图像

分割后的图像

阈值分割主要是起从二维图像中获取所需目标范围的作用。阈值是在分割时作为区分物体与背景像素的取值范围,大于或等于阈值的像素属于物体,而其他属于背景。

图像分割是在计算机中用数字、文字、符号、几何图形或多项组合表示图像的内容和特征,是另一种方式上对图像景物的详细描述和解释。阈值分割的基本原理是通过设定不同的特征(灰度、彩色)阈值,将图像像素点分为若干类。

🤖 图像匹配与分类

图像匹配主要分为灰度匹配与特征匹配两种。灰度匹配的基本思想是以统计的观点将图像看成是二维信号,采用统计相关的方法寻找信号间的相关匹配。利用两个信号的相关函数对它们的相似性加以判断。利用灰度匹配方法的主要缺陷是计算量太大,因为大部分图像匹配与分类场合一般都有一定的速度要求,所以应用较少。

特征匹配过程中,首先根据图像内容来决定使用何种特征进行匹配,图像一般包含的特征有颜色特征、纹理特征、形状特征、空间位置特征等。其次特征匹配会对图像进行预处理来提取其高层次的特征,然后建立两幅图像之间特征的匹配对应关系。基于图像特征的匹配方法可以克服利用灰度信息进行匹配的缺点,由于图像的特征点比较像素点要少很多,就会大大减少匹配过程的计算量。同时特征点的提取对位置的变化比较敏感,可以减少不必要或多余的干扰信息,对灰度变化、图像形变以及遮挡等都有比较好的适应能力,所以基于特征的图像匹配在实际中的应用越来越广泛。

04
机器视觉实例之指纹识别

🤖 技术简介

指纹识别系统是一个典型的模式识别系统,是通过特定的感应模组实现对于个体指纹特征的识别。通过该系统将用户的指纹收集并转化成数据,存储在特定的存储区域,在使用的时候进行调用和比对。其主要技术包括指纹图像获取、处理、特征提取和比对等。由于指纹具有终身不变性、唯一性和便捷性,近些年指纹识别的应用与普及几乎成为生物特征识别的代名词。指纹是指手指末端上凸凹不平的皮肤所产生的纹线。这些纹线有规律或者不规则地排列成不同的纹型。其中纹线的起点、终点、结合点和分叉点等,总称为指纹的细节特征点。

指纹识别技术的研究过程中经历了很多的尝试。指纹技术形成之后,又经过了从人工识别技术到自动化识别技术的发展转变,这是一个漫长的过程。随着计算机图像处理技术和信息技术的发展,指纹识别技术逐渐进入IT技术领域,与众多计算机信息系统结合在一起被广泛应用。目前指纹识别主要有3种技术:电容式、光学式和超声波式。其中超声波式指纹识别技术依旧不成熟,所以并未广泛应用。目前手机所搭载的指纹识别芯片大多数为电容式指纹传感器。在采集到指纹之后,系统会对采集的指纹进行质量评估,主要是对获取面积与获取质量的评估,如果不合格,就要再做一次采集,直到合格为止。那么,指纹的信息是如何被手机获取的呢?我们都知道,有指纹识别功能的手机都带一个感应器,这是一个电容式指纹传感器,其中半导体芯片表面被分割成很多单元,每个单元的宽度小于脊线宽度。手指皮肤表面的脊线和谷(手指指纹中隆起的是脊线,凹进去的是谷)与芯片表面的距离不同,从而有不同的电容值,根据不同的电容值进而获得指纹图像信息。电容式指纹适应能力强,对使用环境无特殊要求,另外,硅晶圆及相关的传感元件对空间的占用也在手机设计的可接受范围内,因而使得该技术在手机端得到了极大的推广。

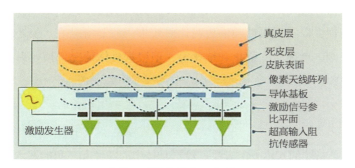

指纹识别图像获取示意图

指纹图像获取

指纹识别的前提是要进行指纹采集。在采集方式上,目前主要分两种:滑动式和按压式,然后通过专门的指纹采集仪采集指纹图像。滑动式采集是将手指在传感器上滑过,从而获得手指指纹图像。滑动式采集具有成本低且可以采集大面积图像的优势,但存在体验较差的问题,使用者需要一个连续规范的滑动动作才能成功采集,这就使得采集失败的概率大大增加。按压式采集就是在传感器上以按压方式实现指纹数据采集,这种方式用户体验好一些,但是成本高,技术难度也相对高。此外,由于一次采集的指纹面积相对滑动式采集来说要小一些，就需要通过多次采集"拼凑"，拼出较大面积的指纹图像。这就需要先进的算法，用软件算法来弥补按压式采集获得的指纹面积相对偏小的问题，以保障识别的精确度。指纹采集按信号采集原理目前有光学式、压敏式、电容式、电感式、热敏式和超声波式等。另外，也可以通过扫描仪、数字相机等获取指纹图像。对于分辨率和采集面积等技术指标，公安行业已经形成了国际和国内标准，但其他行业还缺少统一标准。大容量的指纹数据库必须经过压缩后存储，以减少存储空间。指纹图像处理包括指纹区域检测、图像质量判断、方向图和频率估计、图像增强、指纹图像二值化和细化等。指纹图像预处理是指对不必要或多余的干扰信息及伪特征的指纹图像采用一定的算法加以处理，使其纹线结构清晰，特征信息突出。其目的是改善指纹图像的质量，提高特征提取的准确性，以实现更精确的检测比对效果。通常情况下，预处理过程包括图像分割、增强、二值化和细化等，但根据具体情况，预处理的步骤也不尽相同。

指纹分类

纹形是指纹的基本分类方法。纹形是按中心花纹和三角的基本形态划分的。纹形以中心线的形状定名。指纹识别系统一般自动地将指纹分为弓形纹（弧形纹、帐形纹）、箕形纹（左箕、右箕）、斗形纹和杂形纹等。

指纹特征提取

指纹具有终身不变性、唯一性和便捷性。其形态特征包括中心和三角点等，指纹偶尔会出现相同的总体特征，但在细节特征方面，却不可能完全相同。指纹的细节主要包括纹线的起点、终点、结合点和分叉点。观察手指我们可以发现指纹纹路并不是连续的、平滑笔直的，而是经常出现中断、分叉或转折的。这些断点、分叉点和转折点就称为"特征点"。我们可以从预处理后的图像中提取指纹的特征点信息（终结点、分叉点等），信息主要包括类型、坐标、方向等参数，然后通过对特征点信息的分析就可对指纹特征匹配（计算特征提取结果与已存储的特征模板的相似程度）。

指纹匹配

指纹匹配是用提取出来的指纹特征信息与指纹库中保存的指纹特征以图片的形式相比较，判断是否属于同一指纹。判断从一个手指两次提取出的指纹是否出自同一手指，特别是在相隔很长一段时间之后，实际上是件极其困难的事。我们可以根据指纹的纹形先进行粗匹配，粗匹配之后再利用指纹形态和细节特征进行精确匹配，通过两轮匹配提高识别的准确性，并给出两枚指纹的相似性得分。在实际应用中，根据实际需求的不同，一般会采用更具针对性的方法对指纹的相似性得分进行排序，或给出是否为同一指纹的判决结果。

常见的指纹对比有两种方式：一种是一对一比对，即根据具体的信息从指纹库中检索并获取出待对比的用户指纹，再与新采集的指纹比对，这种方式针对性强、耗时短；另一种是一对多比对，即新采集的指纹和指纹库中的所有指纹逐一比对，这种比对耗时长，不适用于拥有海量数据的指纹库进行使用。

操作过程

其主要工作过程分三步，即指纹图像采集、指纹图像处理和细节匹配。

指纹识别技术的工作流程

首先，通过各种各样的指纹识别设备（如具有指纹识别功能的手机，上班指纹打卡机等）读取人体指纹，并对指纹图像进行预处理，然后进行特征值提取，形成特征数据模型，即模板，最后将模板保存到数据库中。当再次输入指纹时，会将"新"指纹与数据库中的模板进行比对，计算出相似程度。如果相似程度大于设定值，就可以实现解锁。

这里只是简单地介绍指纹识别的最基本的三步，详细来说应该分为七步,如下图所示。

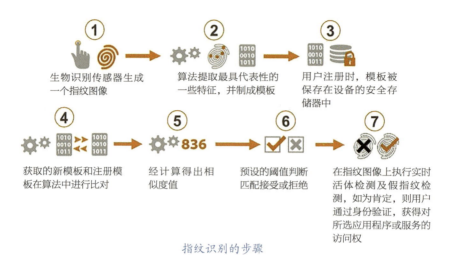

指纹识别的步骤

05
机器视觉实例之人脸识别

人脸识别技术是根据人的面部特征进行识别分析和比较的计算机技术。人脸识别技术是一项热门的计算机技术,属于生物识别技术研究领域。人脸识别包括人脸图像采集、人脸追踪侦测、人脸图像处理、自动调整影像放大、人脸特征提取、夜间红外探测、自动调整曝光强度、人脸识别与匹配等技术。

技术简介

人脸识别技术是基于人的面部特征进行识别,首先由识别设备获得人脸图像或者视频流,然后判断所获取的图像是否为人脸,如果是人脸,则根据图像进一步标记出每个脸的位置、大小、形状及各个主要面部器官的位置信息和特征信号。并依据这些信息,进一步提取每个人面部所包含的独特的身份特征,最后将其与已知数据库中的人脸进行对比,从而识别每个人脸的真实身份。

广义的人脸识别技术实际上是指构建人脸识别系统的一系列相关技术,包括人脸识别检测、人脸图像采集、人脸定位、人脸识别预处理、人脸图像特征提取与匹配、身份确认及身份查找等;而狭义的人脸识别主要是指通过人脸信息与数据库中已有数据信息进行比对,从而实现身份确认或者身份查找的技术或系统。

 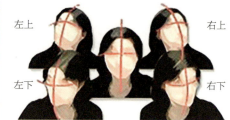

左上　右上
左下　右下

人脸识别

一般来说生物特征识别技术有很多的信息获取来源,主要的生物特征包括脸型、指纹、手结构、掌纹、虹膜、视网膜、体形、个人习惯(如行走方式、习惯性动作)等,因此与之对应的识别技术就有人脸识别、指纹识别、掌纹识别、虹膜识别、视网膜识别、语音识别(用语音识别可以进行身份识别或查找,也可以进行语音内容的识别、转换、翻译等,只有前者属于生物特征识别技术)、体形识别、行为识别、签名识别等。

实现方式

人脸检测

人脸检测首先从采集设备中获取输入图像,其次进行图像的识别,最后提取人脸图像,获取每一个人脸图像,这个过程中通常采用 Haar 特征和 Adaboost 算法训练级联分类器对图像中进行区块划分,并判断是否为人脸。如果某一矩形区域通过了级联分类器,则被判别为人脸图像。

人脸检测

特征提取

特征提取是指通过一些具有特殊规则的数字来表征人脸信息，这些数字就是我们要提取的特征。人脸特征主要分为两类：一类是几何特征；另一类是表征特征。

几何特征从字义上理解是形状上的特征，在识别领域是指眼睛、鼻子、嘴、眉毛等面部特征之间的几何关系，如距离、面积和角度等。算法中利用视觉图像上的直观特征进行比对，计算量小。但是由于其所需的特征点不能精确选择，因人而异，因此限制了它的应用范围。另外，当光照变化、角度变化、人脸有外物遮挡、面部表情变化时，特征变化较大，会给识别带来很大干扰。所以说，这类算法只适合于人脸图像的粗略识别，在实际中无法做到精确识别并广泛应用。

人脸识别

从图像中采集人脸特征信号后与数据库中人脸的特征进行对比，根据相似度判别分类，最终确定身份。人脸识别可以分为两个大类：一类是确认，这是人脸图像与数据库中已存的该人图像比对的过程，明确目标与具体身份进行单项匹配；另一类是辨认，这是人脸图像与数据库中已存的所有图像匹配的过程，选取相似度最高的图像，从而确定身份。显然，人脸辨认要比人脸确认困难，因为辨认需要进行海量数据的匹配。两种识别方式各有优劣，在不同的领域都发挥着重要的作用。

人脸识别是寻找特征，动物的识别也可以使用相同的算法，例如识别不同品种的猫，我们需要建立一个猫的注册库，收集很多种类猫的图像，当有一张猫的照片，需要我们识别是哪一种猫的时候，算法就在注册库中匹配相似度最高的，作为结果输出。

一个使用注册库识别的例子

与指纹应用方式类似，目前人脸识别技术比较成熟的有考勤机、安检人脸检测与录入等。在考勤系统中，用户是熟知操作规程的，可以在特定的环境下获取符合要求的人脸。这就为人脸识别提供了良好的输入源，由于环境相同，识别和检测也就相对统一，往往可以得到满意的结果。但是在一些公共场所安装的视频监控探头，由于光线、角度问题，再加上用户人群广泛，所以得到的人脸图像差别较大很难比对成功。这也是未来人脸识别技术发展必须要解决的难题之一。

06
机器视觉实例之步态识别

步态识别是一种新兴的生物特征识别技术，从字面上理解就是对走路姿势的采集和分析，意在通过人们走路的姿态进行身份识别与确认。与其他的生物特征识别技术相比，步态识别具有非接触（远距离）、背影可识别和不容易伪装的优点，在智能视频监控与识别领域，比图像识别更具优势。

步态是指人们走路的姿态，这是一种复杂的行为特征，不同的人可能会有相似的运动轨迹，但是不同的身高比例及细节特点为步态识别带来了更大的空间和发展前景。有些人尝试故意伪装，以图瞒过步态识别的检测，但是在一些匆忙的情况下，行走这种下意识的行为就会被计算机分析并识别目标身份。

英国南安普敦大学电子与计算机科学系的马克·尼克松（Mark Nixon）教授的研究显示，步态特征因人而异，因为人们在肌肉的力量、肌腱和骨骼长度、体型特征、骨骼密度、协调能力、生活习惯、体重、重心、肌肉、生理条件等方面都存在细微差异。对一个人来说，要伪装走路可能不难，但是要想彻底改变走路姿势非常困难，不管是否戴着面具或是其他伪装，他们的步态还是会被识别系统捕捉并进行分析比对。

人类由于视觉和大脑等方面的先天优势，自身很善于进行步态识别与分析，尤其经历过训练后，在一定距离之内都能够根据经验很好地通过步态辨别出熟悉的人。常见的步态识别的输入是一段或多段行走的视频图像序列，因此其数据采集与人像识别类似，最终都是在静态图像上进行分析，具有非侵犯性和可接受性。但是，由于序列图像的数据量较大，包含多重信息，因此步态识别的计算复杂性比较高，处理起来也比较困难，同时由于序列图像的处理也会使得精确度更为准确。尽管生物力学专家对于步态进行了大量的研究工作，但从技术角度上讲，步态识别对技术的综合性要求较高，基于步态的身份鉴别的研究需要解决许多底层技术，从人形检测、分割、跟踪到匹配和识别，每一个环节都需要大量数据和运算的支撑——对模型精准度、反应速度及测试样本的分割标注精度都提出了很高的要求。步态识别主要提取的特征是人体每个关节的运动。到目前为止，还没有商业化的基于步态的身份鉴别系统。

工作原理

步态是远距离复杂场景下唯一可清晰成像的生物特征。即便某人在几十米外戴着面具、背对着普通摄像头，步态识别算法也能对其进行身份判断，以实现自动的身份识别。步态识别技术是融合计算机视觉、模式识别与视频图像序列处理的一门技术，可适用于各种分辨率、光照和角度。

在实际工作中，首先由监控摄像机或智能摄像机采集人的步态，通过对目标的检测与跟踪获得步态的视频序列，将视频序列传回计算机进行预处理分析，提取该目标的步态特征：即对图像序列中的步态运动进行运动检测、运动分割、特征提取等。

其次，经过进一步处理，系统按一定的步态模式进行划分和解析，形成一定的步态模式。

最后，系统将新采集的步态特征与步态数据库中的步态特征进行比对识别，选取相似度最高的进行身份匹配，确认目标后进行示警或监控等。因此，一个视频监控的自动步态识别系统，实际上主要由监控摄像机、一台计算机与一套好的步态视频序列的处理与识别的软件和与之配套的步态数据库

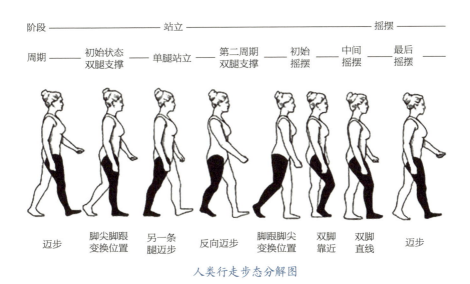

人类行走步态分解图

组成。其中，最关键的是步态识别的软件算法，在大量的数据条件下不同的算法效率差异极大。所以，对视频监控系统的自动步态识别的研究，也主要是指对步态识别软件算法的研究。

07
机器视觉实例之虹膜识别

虹膜识别

从外部来看,巩膜、虹膜、瞳孔是人眼能见组织的 3 个主要部分,巩膜即眼球外围的白色部分,眼球中心为瞳孔部分,虹膜位于巩膜和瞳孔之间,包含了最丰富的纹理信息。从外观上看,虹膜由许多腺窝、皱褶、色素斑等构成,是人体中最独特的结构之一。

虹膜作为身份标识具有许多先天优势。第一是唯一性,由于虹膜图像存在着许多随机分布的细节特征,造就了虹膜模式的唯一性。英国剑桥大学约翰·道格曼(John Daugman)教授提出的虹膜相位特征证实了虹膜图像有 244 个独立的自由度,即平均每平方毫米的信息量是 3.2B。实际上用模式识别方法提取图像特征是有损压缩过程,可以预测虹膜纹理的信息容量远大于此。并且虹膜细节特征主要是由胚胎发育环境的随机因素决定的,即使是克隆人、双胞胎、同一人左右眼的虹膜图像之间也具有显著差异。虹膜的唯一性为高精度的身份识别奠定了基础。英国国家物理实验室的测试结果表明:虹膜识别是各种生物特征识别方法中错误率最低的。第二是稳定性,虹膜从婴儿胚胎期的第 3 个月起开始发育,到第 8 个月其主要纹理结构已经形成。

除非经历危及眼睛的外科手术，此后几乎终身不变。由于角膜的保护作用，发育完全的虹膜不易受到外界的伤害。第三是非接触性，虹膜是一个外部可见的内部器官，不必紧贴采集装置就能获取合格的虹膜图像，识别方式相对于指纹、手形等需要接触感知的生物特征更加干净卫生，不会污损成像装置而影响其他人的识别。第四是便于信号处理，在眼睛图像中和虹膜邻近的区域是瞳孔和巩膜，它们和虹膜区域存在着明显的灰度阶变，并且区域边界都接近圆形，所以虹膜区域易于拟合分割和归一化。虹膜结构有利于实现一种具有平移、缩放和旋转不变性的模式表达方式。第五是防伪性好，虹膜的半径小，在可见光下中国人的虹膜图像呈现深褐色，看不到纹理信息，具有清晰虹膜纹理的图像获取需要专用的虹膜图像采集装置和用户的配合，所以在一般情况下很难盗取他人的虹膜图像。

基于虹膜的生物特征方法在识别率、错误率等方面的性能指标都优于其他的生物特征识别方法。据统计，与人脸、声音等非接触式的生物特征识别方法相比，虹膜具有更高的准确性。到目前为止，虹膜识别的错误率是各种生物特征识别中最低的。

1987 年，眼科专家阿兰·萨菲尔（Aran Safir）和伦纳德·弗洛姆（Leonard Flom）首次提出利用虹膜图像进行自动虹膜识别的概念。到 1991 年，美国洛斯阿拉莫斯国家实验室的约翰逊（Johnson）实现了第一个自动虹膜识别系统。

1993 年，约翰·道格曼实现了一个高性能的自动虹膜识别原型系统。今天，大部分的自动虹膜识别系统使用的都是道格曼核心算法。

虹膜图像采集

从直径 11mm 的虹膜上，道格曼核心算法用 3.4 个 B 的数据来代表每平方毫米 ^{2} 的虹膜信息，这样，一个虹膜约有 266 个量化特征点，而一般的生物识别技术的识别范围在 13 至 60 个特征点之间。266 个量化特征点的虹膜识别算法在众多虹膜识别技术资料中都有讲述。在算法和人类眼部特征允许的情况下，约翰·道格曼指出，通过他的算法可获得 173 个二进制自由度的独立特征点。在生物识别技术中，这个特征点的数量是相当大的。

算法

第一步是通过一个距离眼睛 3 英寸（约 7.5cm）的精密相机来确定虹膜的位置。当相机对准眼睛后，算法逐渐将焦点对准虹膜左右两侧，确定虹膜的外沿，这种水平方法会受到眼睑的阻碍。算法接着会将焦点对准虹膜的内沿（即瞳孔）并排除眼液和细微组织的影响。单色相机利用可见光和红外线，红外线定位在 700~900mm 的范围内，在虹膜的上方，算法通过二维 Gabor 子波的方法来细分和重组虹膜图像。

精确度

虹膜识别技术是目前精确度最高的生物识别技术：两个不同的虹膜之间相似度是 75% 的可能性是 1/106，等错率（衡量识别系统整体效能的参数，值越小表示算法的整体性能越高）是 1/1 200 000，两个不同的虹膜产生相同的虹膜采样代码的可能性是 1/1052。

录入和识别

虹膜的定位可在 1 秒钟内完成，产生虹膜代码的时间也仅需 1 秒时间，数据库的检索也相当快。处理器速度是大规模检索的一个瓶颈，另外网络和硬件设备的性能也制约着检索的速度。由于虹膜识别技术采用的是单色成像技术，因此一些图像很难从瞳孔的图像中分离出来，但是虹膜识别技术所采用的算法允许图像质量在某种程度上有所变化。相同的虹膜所产生的虹膜代码也有 25% 的变化，这听起来好像是这一技术的致命弱点，但在识别过程中，这种虹膜代码的变化只占整个虹膜代码的 10%，它所占代码的比例是相当小的。

近些年来，虹膜图像采集技术向着通用摄像机的方向发展，采集距离也在不断增大，这些技术进步扩大了虹膜识别技术的应用领域。

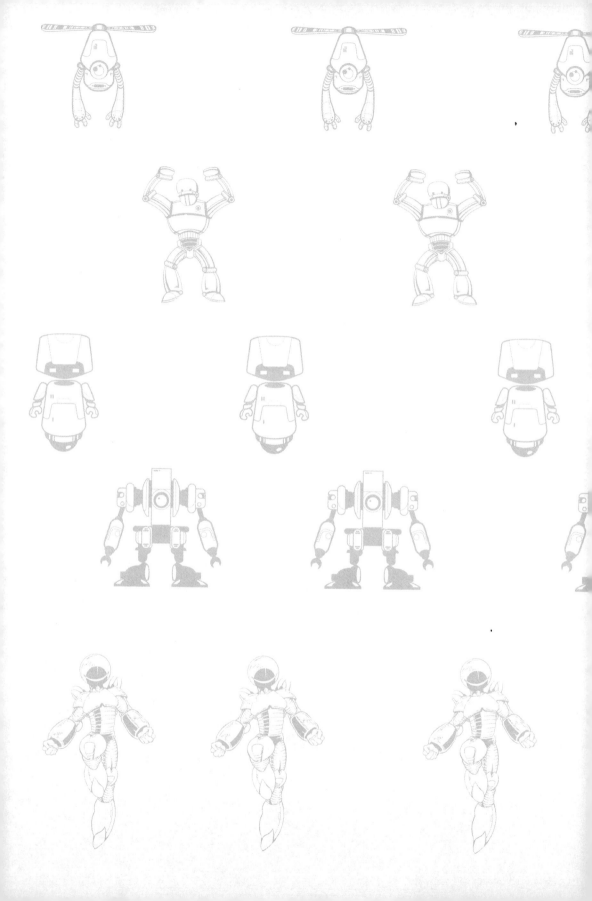

Chapter 4
人工智能之语音识别

/ 01 概述

/ 02 技术简介

/ 03 影视剧和生活中的语音识别

/ 04 语音识别的扩展——声音技术和定位技术

/ 05 语音识别的前景展望

01
概述

　　语音识别是一门交叉学科，也被称为自动语音识别。近年来，语音识别技术发展迅速，从实验室走向市场，广泛应用于日常生活。简单来说，语音识别实际就是将人说话的内容和意思转换为计算机可识别的信息，也就是将一段语音信号转换成相对应的文本信息。语音识别的目的就是让机器听懂人类的语言，包括两方面的含义：一方面是逐字分析，按顺序划分句子结构，可能存在语义不通及产生歧义的情况；另一方面是对口语中所包含的命令或请求加以领会，对句子结构做出正确的分析与回应，而不仅仅只是快速的文字录入与转换。

　　分析和领会语言的含义，需要识别语音中所包含的语法和语义，这些语法和语义信息就存储在语言模型中。语言模型对中、大词汇量的语音识别系统特别重要，像简短的语句"是的""好的"，直接翻译效率更高。尤其是当句子结构的分类发生错误时可以根据语言模型、语法结构、语义学进行判断纠正，特别是一些同音字、歧义词、反语等必须通过上下文结构才能确定语义。

02
技术简介

试想一下，我们如何在生活中听到声音。一般来说，是通过耳朵或骨传声获取声音，那么语言识别系统也要有对应的声音获取装置，简单来说，就是声音传感器。声音传感器内有一个对声音极其敏感的电容式驻极体话筒，这样声波使话筒内的驻极体薄膜振动，导致电容的变化，产生与之对应变化的微小电压，这些电压经过对应的处理就变成了存储在计算机中的数据。

简单来说，获取声音并加以处理的过程就称为语音识别。目前广泛应用的语音识别的方法有三种：基于语音学和声学的方法、模板匹配的方法，以及利用人工神经网络的方法。

基于语音学和声学的方法

基于语音学和声学的识别方法起步较早，在语音识别技术刚刚兴起时，就有了这方面的研究，但由于其模型及语音知识过于复杂，需要处理的数据量庞大，导致现阶段没有达到实用的阶段。

通常，我们会将一个长句子进行划分，主要依托于语音的频域或时域特性进行处理，这样该方法可以分为以下两步实现。

第一步，分段和标号。把语音信号按时间分成等间隔的多段，每段对应一个或几个语音基元的声音特性，然后进行比对和处理，最后根据相应声学特性对每个分段给出相近的语音标号。

第二步，将上一步的语音标号进行整合，得到词序列。根据第一步所得的语音标号序列得到一个语音基元网格，从词典或数据库中得到有效的词序列，也可结合句子的文法和语义同时进行，这样能够使得到的语音数据更为贴合实际。

模板匹配的方法

模板匹配的方法发展比较成熟，目前广泛应用于主流市场。我们常说的模板匹配方法主要包含四个步骤：特征提取、模板训练、模板分类、判决。

特征提取主要是指提取目标声音的声强、响度、音高、频率等一系列参数。模板训练主要是指对一定数量类别已知的训练样本进行一定范围去干扰的处理。模板分类主要是指将模板训练后的样本按一定逻辑规则加以区分定义并保存至数据库。判决主要是指将目标声音进行一定处理后与数据库模板加以比较、分类并确定最终结论的过程。

人工神经网络的方法

人工神经网络的方法是 20 世纪 80 年代末提出的语音识别方法，是人工智能领域的研究热点。人工神经网络本质上是一个自适应非线性动力学系统，它模拟了人类神经活动的原理，从信息处理的角度对人脑神经元网络进行抽象概括，模拟并建立某种简单模型，按不同的连接方式组成不同的网络，具有自适应性（adaptivity）、并行性（parallelism）、鲁棒性（robustness）、容错性（fault tolerance）和学习特性（learning）。但由于需要在数据库中提供海量的数据支撑，所以它存在训练、识别时间太长的缺点，目前仍处于实验探索阶段。

由于人工神经网络不能很好地描述语音信号的时间动态特性，因此常把人工神经网络与传统识别方法相结合，分别利用各自的优点来进行语音识别。

03
影视剧和生活中的语音识别

▼

在科幻影片里我们能看到各种机器人,它们与人类同台竞演,与人类自由地沟通交流,甚至比人类更加聪明。如今,机器不仅可以听懂我们的话语,能够回答典型的逻辑推理问题,还能实时地把文字翻译成语言,或者实现不同语种的跨越翻译,并且能够根据上下文语义及句子结构挑选正确的多音字,实现自动纠错。

人类真能教会人工智能,让它们听懂我们的命令和呼唤吗?无论是在科幻电影还是现实世界,我们始终这样憧憬与畅想,科学技术也正逐渐打破科幻与现实的分水岭。《我,机器人》是由亚历克斯·普罗亚斯(Alex Proyas)执导的现代科幻电影,讲述了人和机器相处时人类自身是否值得信赖的故事,推动了机器人理念的广泛传播。对这部电影的开端,我们或许觉得有些奇怪,为什么威尔·史密斯扮演的斯普恩探长会那么抵触机器人,这使他看上去像一个格格不入的"老古董"。其实,斯普恩所憎恨的是机器人的"机械化程序命令",这要源于他那只机械手臂诞生之前所发生的那场事故。在事故中,机器人通过数据运算和处理,推理出现存的时间只来得及救下同时濒临死亡边缘的探长与小女孩中的一人,而按通常的道德规范来讲,应该首先救起的是小女孩,但机器人并没有被赋予这些伦理知识。因此,斯普恩陷入了深深的内疚,也对机器人的这种"死板"深恶痛绝。与此同时,他还怀疑机器人对人类是否存在善意。事实上,他认为机器人是有自己的思想的,而这种思想是人类赋予它们的人工智能之外的思想萌芽。斯皮尔伯格执导的《人工智能》里,一对父母失去了自己的孩子,这时刚好有一种能够完全模仿他们自己孩子的机器人,对孩子的思念"打败"了这对父母,于是机器人小男孩戴维被领养回家。通过与人类的朝夕相处,他稚嫩的声音里逐渐有了温情、勇气与爱。

《人工智能》电影剧照

《生化危机》也是我们熟知的电影,里面的顶级人工智能系统"红色皇后"以天真小女孩的全息影像出现,科技感十足,但它与女主角爱丽丝对话时的冷漠与残酷令人不寒而栗。

《生化危机》电影剧照

不过，现实生活中，我们常见的情景是一位山东大汉想用车载语音打电话，由于山东方言的缘故，语音识别系统不能识别用户的具体需求，只用三分钟就被系统逼疯了……芭妖扒拔（8188）！俺是说芭妖扒拔！你聋了吗！语音识别是人机沟通与交互的重要基础之一。人与人说话都容易误解，更何况是人与机器？

我们常用微信的语音聊天和语言识别功能，而且体验都还不错。其实，微信技术架构部语音技术组花了整整4年的时间来"教会"微信如何更好地听懂人的语言，这中间的种种困难不言而喻。

为什么手机常常听错或听不懂你说的话？

其一，是由于说话的场景变化导致语速、语气不同。举个例子，当我们明确测试语音识别时，会下意识采用朗读化语音。这种情况下，我们的声音会接近标准，大大降低了识别难度。而在一些紧张、紧急情况或日常对话聊天时，因为环境不同，语速快、口音重、吞字、叠字的现象就会非常多，这些都大大影响了识别率。

其二，噪声和距离是识别"杀手"。也许有人拍案而起，我普通话一级甲等，也做到吐字清晰精准了，为什么语音识别起来还是有误差？这就要看你说话时的环境是否嘈杂，以及距离话筒是不是过远。我们在嘈杂的环境中也很难听清声音，更何况是机器人呢？

其三，人工智能完成任务的速度慢。如何让人工智能更智能？这就需要不停地自我学习，对语音识别来说，让机器"听"到更多的数据，可以让它越来越聪明。

其四，机器还不够聪明，不能像人脑一样，快速处理与反应。程序能够把一段语音变成文字，但程序并不知道这句话是什么意思，也不知道这句话说得是否符合语法或逻辑，例如，哪里说得对，哪里说得错，更不知道这句话是不是一句通顺的人类语言。

04
语音识别的扩展——声音技术和定位技术

▼

我们都知道有些动物可以利用磁场确定方向，人类也有自己独到的位置感，尤其是在没有现代导航技术的时候，人类依赖于自然景物、星星、手绘地图等手段定位。现代导航技术让我们出行变得更加容易，那么机器是如何定位的呢？如果在开阔的室外空间，机器像人类一样，可以依赖卫星导航，在室内，由于信号的干扰与阻断，机器并不能接收信号确定位置，这时候机器依赖于什么传感器获得位置信息呢？我们会在下文为大家揭开谜底。

声音定位从字面上解释是根据声音确定位置，准确地说，是利用环境中的声音刺激确定声源方向和距离的行为。人耳获取这些也许不难，但让机器来做判断就需要很多的数据支持，取决于到达机器的声音的物理特性变化，包括频率、强度和持续时间上的差别等。

声音技术的应用

声音技术应用广泛，是近年来的研究热点。声音技术过去主要应用在军工、工业及消费品领域中，在交通领域中很少被提及。现在，智能手机使用普遍，声音技术在手机上为人类生活带来了极大的便利。

2017年，声音技术的应用延伸到了交通领域，开始用于鸣笛抓拍。

鸣笛抓拍，本质上是一个声音定位的问题，精准定位鸣笛的声音所在方向采用的设备是麦克风阵列，麦克风阵列是由很多个麦克风组成的。单个麦克风方向固定，无法区分来自四面八方的声音，而由多个麦克风组成的阵列可以实现全方位覆盖。就像人有两个耳朵，能分清声音是来自左前方还是右前方，因为来自不同方向的声音到达两个耳朵时会有一定的时间差，我们的大脑就是通过时间差来反推声音是从哪个方向来的。

同样，麦克风阵列采用非常多的麦克风，个数越多，分辨率就会越高，就越能准确定位发出声音的位置，这就是声源定位。

"鸣笛抓拍"——声源定位的新应用

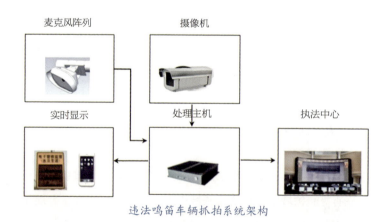

违法鸣笛车辆抓拍系统架构

我们常说的鸣笛抓拍，由多路数字麦克风组成，它配合摄像机对违法鸣笛车辆进行抓拍。首先由麦克风阵列定位鸣笛车辆，然后传输位置信息给摄像机去识别车牌号码。整个系统由麦克风阵列、摄像机、前端处理主机和执法中心组成。

（左）　　　　　（右）

鸣笛抓拍示意图

鸣笛抓拍系统可生成符合 GAT832-2014《道路交通安全违法行为图像取证技术规范》要求的处罚依据图片，快速识别并生成 2 秒的抓拍视频。上面的图片中，左边是鸣笛之前的图片，右边的图片叠加了声音分布，也就是显示鸣笛的车辆。鸣笛抓拍系统生成的实时视频，能够完整呈现车辆鸣笛前后 2 秒的过程，可以用于人工复核。图片和视频的证据，都可以与执法平台对接，同时也可以推送到手机或平板电脑查看，用于现场执法。

鸣笛抓拍系统主要安装在医院、景区、商圈、学校等重点禁鸣区域。例如，在十字路口，车流多，车速慢，容易发生一些没有必要的鸣笛，影响市民的正常出行，可在此处安装鸣笛抓拍系统。

人车混行、交通易塞——鸣笛引起混乱	环境需要安静——鸣笛干扰学习生活

医院　　景区　　商圈　　学校　　行政中心　　住宅区

鸣笛抓拍系统安装区域

05
语音识别的前景展望

▼

语音识别技术是近年来重要的科技发展之一，得益于深度学习与人工神经网络的发展，语音识别取得了一系列突破性的进展，在产品应用上也越来越成熟。

近年来，语音识别的准确率取得突破性的进展。在常规环境下，短语识别的差错率降到了 3.7%。目前，中文的通用语音连续识别准确率能达到 95%。语言是人类思想最重要的载体，是人们交流最有效、最方便、最自然的方式，而语言识别是人机交互的重要基础之一。语音识别技术基于大量数据的积累、深度神经网络模型的发展及算法的迭代优化，就是让机器不停地接收、识别和理解语音信号，并将其转换成相应的数字信号，在不停学习的过程中提高稳定性与准确性的技术。

现在几乎所有成功应用到实际中的语音识别方法都采用了概率统计的方法或信息论的方法。其中最主要的、大量被使用的方法有动态时间规整技术、隐马尔可夫模型、人工神经网络、支持向量机等方法，这些方法的出现极大地推动了语音识别从实验室走向实际应用。

人类在对话过程中，可以很高效地进行判断与处理，但是目前的语音识别系统都还无法像人脑一样基于经验进行有效快速的判断和处理。因此，语音识别还有很多问题有待解决。但令人兴奋的是，随着神经网络系统的学习和锻炼，高质量数据的不断积累，技术的不断突破，算法的逐渐优化及硬件平台计算能力的提升，语音识别正在向我们期待的方向快速发展。

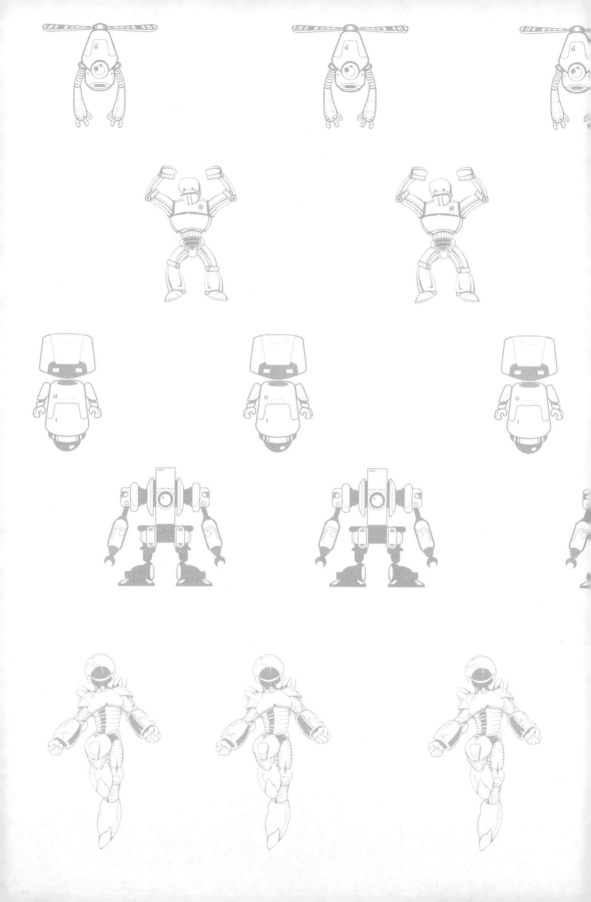

Chapter 5
人工智能的应用

/ 01 人工智能与工业

/ 02 人工智能与交通

/ 03 人工智能与医疗

/ 04 人工智能与家庭

/ 05 人工智能与农业

01
人工智能与工业

人工智能在制造业领域的应用非常广泛，主要有视觉缺陷检测、机器人视觉定位、故障预测、自动 NC（numerical control，数字控制，简称数控）编程、AI CAM（computer aided manufacturing，计算机辅助制造）系统等。

机器视觉

在深度神经网络发展起来之前，机器视觉已经长期应用在工业自动化系统中，如仪表板智能集成测试、金属板表面自动控伤、汽车车身检测、纸币印刷质量检测、金相分析、流水线生产检测等。在功能上，大体分为拾取和放置、对象跟踪、计量、缺陷检测几种，其中将近 80% 的工业视觉系统主要用在检测方面，包括用于提高生产效率、控制生产过程中的产品质量、采集产品数据等。机器视觉自动化设备可以代替人工不知疲倦地进行重复性的工作，且在一些不适合人工作业的危险工作环境或人工视觉难以满足要求的场合，机器视觉可替代人工视觉。

截至 2016 年，进入中国市场的国际机器视觉品牌已经超过 100 家，中国本土的机器视觉企业也超过 100 家，产品代理商超过 200 家，专业的机器视觉系统集成商超过 50 家，涵盖了从光源、工业镜头、相机、图像采集卡等多种机器视觉产品。

视觉分拣

工业上有许多需要分拣的作业，采用人工操作速度缓慢且成本高，如果采用工业机器人作业，可以大幅度减低成本，提高速度。但是一般需要分拣的零件是没有整齐摆放的，机器人必须面对的是一个无序的环境，需要机器人本体的灵活度、机器视觉、软件系统对现实状况进行实时运算等多方面技术的融合，才能实现灵活的抓取，因此困难重重。

故障预测

在制造流水线上，有大量的工业机器人。如果其中一个机器人出现了故障，当人感知到这个故障时，可能已经造成大量的不合格产品，从而带来不小的损失。如果能在故障发生以前就检知预测的话，可以有效做出预防，减少损失。

基于人工智能和 IOT（internet of things，物联网）技术，通过在工厂各个设备加装传感器，对设备运行状态进行监测，并利用神经网络建立设备故障的模型，则可以在故障发生前，对故障提前进行预测，在发生故障前，将可能发生故障的工件替换掉，从而保障设备的持续无故障运行。

人工智能故障预测还处于试点阶段，成熟运用较少。一方面，大部分传统制造企业的设备没有足够的数据收集传感器，也没有积累足够的数据；另一方面，很多工业设备对可靠性的要求极高，即便机器预测准确率很高，可不能达到百分之百，依旧难以被接受。此外应用这个系统的投入产出比不高，也是人工智能故障预测投入不足的一个重要因素，很多人工智能预测功能应用后，如果不能成功降低成本，反而可能带来成本的增加。

焊接机器人

焊接机器人是应用最广泛的一类工业机器人,在各国机器人应用比例中占总数的 40%～60%。采用机器人焊接是焊接自动化的革命性进步,它突破了传统的焊接刚性自动化方式,开拓了一种柔性自动化新方式。刚性自动化焊接设备一般都是专用的,通常用于大批量焊接产品的自动化生产,因而在小批量产品焊接生产中,焊条电弧焊仍是主要的焊接方式,而焊接机器人的出现使小批量产品的自动化焊接生产成为可能。

焊接机器人的主要优点有:①易于实现焊接产品质量的稳定和提高,保证其均一性;②提高生产率,一天可 24 小时连续生产;③改善工人劳动条件,可在有害环境下长期工作;④降低对工人操作技术难度的要求;⑤缩短产品改型换代的准备周期,减少相应的设备投资;⑥可实现小批量产品焊接自动化;⑦为焊接柔性生产线提供技术基础。

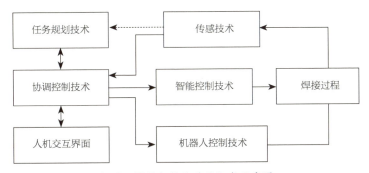

机器人焊接智能化系统组成示意图

机器人焊接智能化系统是建立在智能反馈控制理论基础之上,涉及众多学科综合技术交叉的先进制造系统。除了不同的焊接工艺要求不同的焊接机器人实现技术与相关设备之外,现行机器人焊接智能化系统可从宏观上划分为五个部分:①机器人焊接任务规划软件系统设计技术;②焊接环境、焊缝位置及走向及焊接动态过程的智能传感技术;③机器人运动轨迹控制实现技术;④焊接动态过程的实时智能控制器设计;⑤机器人焊接智能化复杂系统的控制与优化管理技术。

机器人焊接任务职能规划系统的基本任务是在一定的焊接工作区内自动生成从初始状态到目标状态的机器人动作序列、可达的焊枪运动轨迹和最佳的焊枪姿态，以及与之相匹配的焊接参数和控制程序，并能实现对焊接规划过程的自动仿真与优化。

机器人焊接任务规划可归结为人工智能领域的问题求解技术，其包含焊接路径规划和焊接参数规划两部分。由于焊接工艺及任务的多样性与复杂性，在实际实施焊前对机器人焊接的路径和焊接参数方案进行计算机软件规划（即CAD仿真设计）是十分必要的。一方面，可以大幅度节省实际对生产线的占用时间，提高焊接机器人的利用率；另一方面，还可以实现机器人运动过程的焊接前模拟，保证生产过程的有效性和安全性。

机器人焊接参数规划主要是指对焊接工艺过程中各种质量控制参数的设计与确定。焊接参数规划的基础是参数规划模型的建立，由于焊接过程的复杂性和不确定性，目前应用和研究较多的模型结构主要是基于神经网络、模糊推理及专家系统等理论。根据该模型的结构和输入输出关系，由预先获取的焊缝特征点数据可以生成参数规划模型所要求的输入参数和目标参数，通过规划器后即可得到焊接时相应的焊接工艺参数。

机器人焊接路径规划不同于一般移动机器人的路径规划。它的路径规划是结合焊缝空间连续曲线轨迹、焊枪运动的无碰撞路径以及焊枪姿态而综合设计与优化得到的。由于焊接参数规划通常需要根据不同的工艺要求、不同

汽车制造创新型机器人焊接系统

的焊缝空间位置及相异的工件材质和形状作相应的调整,而焊接路径规划和参数规划又具有一定的相互联系,因此对它们进行联合规划研究具有实际的意义。对焊接质量来讲,焊枪的姿态路径和焊接参数是一个紧密耦合的统一整体。在机器人路径规划中的焊枪姿态决定了施焊时的行走角和工作角,机器人末端执行器的运动速度也决定了焊接速度。

喷涂机器人

车门把手喷涂机器人 能够满足现代汽车零部件的生产要求,达到无死角和准确的膜厚控制,并确保每个把手涂覆相同的质量,不管门把手是在线喷涂还是步进或者是离线喷涂都能完全胜任,快速程序切换和清洁不同产品的喷涂,不同的喷枪兼容和能为采购方节省油漆,并且具有较高的精度和较快的速度。

木板喷涂机器人 木板在生产线上步进喷涂,且固定在夹具上,定位精度需要精准,木椅能90度分割或者360度旋转,需要选择合适的活动半径满足喷涂机器人的工作要求。

剃须刀喷涂机器人 剃须刀喷涂机器人是种微型小线体具有充气防暴功能的机械,自转台采用减速机加伺服电机,定位精度准,可以实现正反连续自转或者任意角度旋转。机器人能够通过附加轴控制微型小线体,能够更好地通信。

头盔喷涂机器人 头盔喷涂或者安全帽喷涂一般有多种多样的喷涂方式,最常见的有用往复喷涂-固定枪往复喷涂,这种喷涂方式的好处就是效率非常高,适合对于对产品表面膜厚及光亮度要求不是很高的场合。

塑胶喷涂机器人 塑胶喷涂机器人不管是离线、在线步进都可以对喷涂物进行全方位喷涂,而且喷涂机器人操作系统可以根据需求选择不同的喷涂程序,可以快速自动换色,自动清枪和自动调整喷涂参数。

02
人工智能与交通

▼

    智能交通系统里应用广泛的关键技术就是计算机视觉技术。具体到智能交通领域就包括车辆检测、车辆识别和车辆跟踪与测量等。

    计算机视觉技术能给交通带来的进步主要有这几个方面：第一是对车辆的感知，也就是车辆的检测；第二是车辆身份的识别；第三是车辆身份的比对；第四是车辆的行为分析；第五是对车辆的驾控，也就是现在非常热门的汽车辅助驾驶与无人驾驶。例如，在车辆检测与感知方面，检测就是计算机通过图片或者视频，把其中的车辆或其他关注目标准确地"圈"出来。在2012年以前，很多智能交通系统中用的检测是一种基于运动的检测，这种检测会受天气、光线等方面的影响，在不同天气下会存在很多问题。而基于深度学习的检测，是对车辆的轮廓和形态的检测，完全模拟人看车的方式，只要人眼可以辨识那是一辆车，就可以"圈"出来，这样就可以解决过去车辆检测中存在的很多问题。从检测感知角度来看，有以下几个方面的细分应用。

    一是对路口的感知。目前中国很多城市交通拥堵都很严重，很多十字路口的红绿灯配时其实并不是最优的，通过基于深度学习的车辆精确感知检测，可以精准地感知交通路口各个方向的车辆数量、流量和密度，从而可以给交通路口的最优配时提供准确依据。如果路口能用上这种车辆检测技术，会在一定程度上缓解交通拥堵。

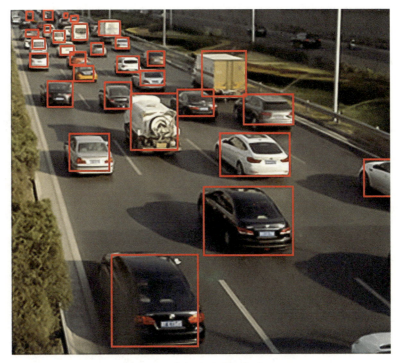

道路路口车辆流量感知与应用

这些检测是基于纯图片的检测方式，而不是基于运动的方式，干扰会大大降低，部分遮挡也不影响车辆检测，同时成本也非常低，可以充分利用现有的已建电子监控摄像头的视频图像。

二是对路段的感知。经过近几年来的建设，我国的大中型城市都安装了很多监控摄像头，通过对路段交通情况的感知，可以基于原有监控系统获取道路的总体交通路况。这种车辆检测技术可以为道路路况分析、交通大数据、交通规划等提供可靠的数据依据。这在以前成本是非常高的，现在可以采用很低的成本做到。

三是对路侧停车的感知。其具体有两个方面的应用，一个是路侧违法停车的感知和抓拍；另外一个就是路侧停车位的管理。在以前的方案中，在外场要感知车位是否被占用，一般通过地磁感知，成本非常高，系统可靠性也是问题，而基于图像识别则可以很好地解决这个问题，一台摄像机即可监控和感知一大片区域的停车位是否被占用。就如同下一页的图，基于深度学习的检测，即使这些车辆挨在一起也依然可以准确检测，而传统的方法是做不到的。

停车场车辆感知，获取车位占用情况

四是对停车场的感知。目前在室内停车场里面应用图像识别实现车位检测已经比较普通，但是现在很多车的检测都是基于车牌，有车牌就可以检测出来，没有车牌是检测不出来的，甚至有的车牌不太清楚也无法检测。而基于深度学习的车辆检测，只看车辆的轮廓，不看车牌，只要看起来像个车，就可以检测出来，而且精度很高。过去室外停车场的数据经常是靠停车场的管理员不间断地报数据，成本非常高，而且不可靠。而现在通过计算机视觉技术，就同样可以做到模拟人的视觉感知，检测哪个地方有车停，哪个地方是空位，把数据发送给平台，发布到停车场引导系统上。

五是对出入口的车辆感知。现在很多停车场和出入口都安装了车牌识别系统，但是如果车辆车牌不清楚或者车辆没有挂牌，系统就无法识别。而采用基于深度学习的车辆特征识别系统,可以识别车辆本身,使出入口车辆的检测精度可以达到 99% 以上,甚至完全可以替代地磁来进行车辆感知,完成抬杆落杆的控制。而基于图像的车辆检测,还可以实现出入口的视频浓缩存储等附加功能。

03
人工智能与医疗

▼

尽管目前人工智能在各个领域的研究日趋成熟，但是业内专家也指出，人工智能在医疗领域中的应用可能会率先落地。那么目前人工智能在医疗领域中的应用情况是什么？下面详细介绍相关内容。

在人工智能执行操作时，计算机会通过语音识别、图像识别、读取知识库、人机交互、物理传感等方式，获得语音视频的感知输入，然后从大数据中进行学习，得到一个有决策和创造能力的"大脑"。其应用技术主要包括：自然语言处理（包括语音和语义识别、自动翻译）、计算机视觉（图像识别）、知识表示、自动推理（包括规划和决策）、机器学习和训练。

🤖 人工智能与影像辅助诊断

人工智能在医疗健康领域中的应用包括虚拟助理、医学影像、药物挖掘、营养学、生物技术、医院管理、健康管理、可穿戴设备、风险管理和病理学等。在人工智能＋医疗健康各细分领域中，医学影像项目的数量最多。

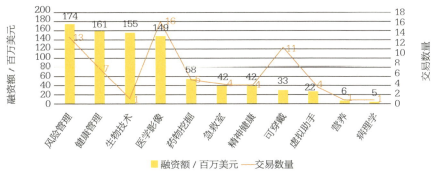

医疗类人工智能初创公司融资区域分布（2011年至2016年8月）
（来源于蛋壳研究院数据库）

从上图可以看出，医学影像领域的投融资交易数量最高。影像辅助诊断的使用和普及存在巨大的益处，对于患者而言，在影像辅助诊断的帮助下，将快速完成健康检查，同时获得更精准的诊断建议和个性化的治疗方案；对医生而言，可以节约读片时间，降低误诊率并获取提示（副作用等），起到辅助诊断的作用；医院在云平台的支持下可建立多元数据库，进一步降低成本。

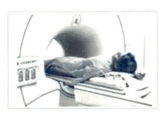

患者： 快速完成健康检查，获得更精准的诊断建议，个性化治疗方案
医生： 快速读片，降低误诊，获取提示（副作用等），辅助诊断
医院： 云平台支持下，建立多元数据库，成本降低，深度学习

人工智能在医疗中的应用场景

影像辅助诊断的主要技术原理可以分为两部分：图像识别和深度学习。

计算机首先对搜集到的图像进行预处理、分割、匹配判断和特征提取等一系列的操作，随后进行深度学习，在患者病历库和其他医疗数据库中搜索数据，最终提供诊断建议。目前来说，影像辅助诊断的准确率较高，比传统放射医师对临床结节或肺癌诊断的准确率高出50%，可以检测到占整个X光片面积0.01%的细微骨折。

人工智能与预测疾病

美国斯坦福大学的研究团队结合基因体定序资料和电子病历（electronic medical record，EMR），成功用人工智能演算法预测罹患腹主动脉瘤的风险。据报道，这项研究受到美国国立卫生研究院（National Institutes of Health，NIH）的资助，证实人工智能演算法结合人口基因体资料和个人EMR，即可检测腹主动脉瘤的遗传风险因子，精准度跟临床筛检结果不相上下，甚至更好。斯坦福大学遗传学教授迈克尔·斯奈德（Michael Snyder）表示，这是世界上第一次以基因体定序资料完成腹主动脉瘤的风险预测分析，他们发现在预测高风险族群的精准度高达70%。未来每个人都会有基因体定序，进而预测整体的疾病风险，再依据这个预测结果采取行动。

人工智能与医疗机器人

说起医疗机器人，人们最熟悉的是达芬奇手术机器人。达芬奇手术机器人由手术台和可远程控制的终端两部分组成。手术台机器人有三个机械手臂，在手术过程中，每个手臂各司其职且灵敏度远超于人类，可轻松进行微创等复杂困难的手术。终端控制端可将整个手术的二维影像过程高清还原成三维图像，由医生监控整个过程。

随着人工智能的发展，一些其他类型的机器人开始出现在市场当中。日本已经正式将"机器人服"（一种穿在身上可助力的机器人设备）和"医疗用混合型辅助肢"列为医疗器械在本国销售，主要用于改善肌萎缩侧索硬化、肌肉萎缩等疾病患者的步行机能。除此之外，还有智能外骨骼机器人、眼科机器人和植发机器人等。

人工智能在医疗领域中的其他应用

麻省理工学院的研究人员开发出一种神经网络，能够以较高的准确度对个人患有认知功能障碍的可能性做出预测。因此在一定程度上，我们可以将其理解为一种抑郁症检测器。

他们开发出一种无情境方法，可借此方法对人类的文本或音频表达内容进行分析，从而检测出该人的抑郁度评分。其中最为关键的在于这套人工智能方案的"无情境"因素。

一般来讲，治疗师需要利用经过验证的问题与直接观察相结合，综合诊断对方的抑郁症等精神健康状况。而根据麻省理工学院团队的说法，他们的人工智能能够在无需条件性问题或者直接观察的前提下，实现类似的效果。

麻省理工学院的研究人员详细介绍了一种神经网络模型，该模型能够通过访谈方式对原始文本及音频数据进行解析，从而发现可能预示抑郁症疾病的表达模式。在给定新主题的情况下，其能够准确预测相关个体是否存在压抑情绪，且不需要任何其他相关问题及答案信息。

为了测试这套人工智能方案，研究人员进行了一项实验，由人为控制的虚拟代理对 142 名受试者提出一系列问题，从而进行抑郁症筛查。人工智能并没有事先了解问题内容，而受访者也可自由地以任何形式做出回答。问题的形式并非单项选择，人工智能需要从语言线索当中辨别抑郁症患者。

在这项研究中，参与者的回答将以文本及音频形式进行记录。通过文本版本，人工智能能够在大约 7 个问答序列之后预测抑郁症。但有趣的是，在音频版本当中，人工智能需要根据大约 30 个序列才能做出决定。据研究人员称，其平均准确率达到惊人的 77%。

04
人工智能与家庭

▼

随着我国"平安城市""平安社区"等工程的推进，全民安防理念已经形成，目前正处在从公共安防体系到个人安防体系的过渡期。智能安防系统是家庭安全的"守护神"，已成为智能家居最高频的需求领域，仅家庭智能摄像头市场就呈现百花齐放的态势，智能锁的市场规模已超过百亿。这些为智能安防体系的构建锦上添花。这些品类的安防产品在民用市场逐渐走俏，一改智能安防不温不火的长期局面。

你的家庭安全真的可以托付给数字助理么？亚马逊和其他大型企业在这一问题上都下了大赌注。数字助理是智能家居界面的核心，它利用人工智能，不断学习如何最佳地与用户和用户的家人进行互动。最新的人工智能家庭安全设备就使用了相同的技术，与用户所熟悉和喜爱的智能家居技术进行集成整合也近在咫尺了。

🤖 机器人监控

传统的家庭安全系统由人进行昼夜监控，所以当你入睡或去度假时，总有人在那儿随时待命。这些系统会自动为你联系紧急服务，让你可放心地休息。要享受这些家庭安全系统，你也需交纳一定的费用。不过，对于节俭的房主而言，全自动和自我监控的家庭安全系统提供了一种替代方案。

最新一代的自我监控安全系统将运动检测器、传感器和监控摄像机与人工智能结合起来，可以及时判断潜在的非法闯入或其他紧急情况。通过利用类似语音和面部识别这样的人工智能算法，一些系统甚至具有自动紧急呼叫的功能。通过机器学习，这些人工智能动力系统不断改进其算法，以帮助消除任何的不确定性。

摄像机和传感器

人工智能动力系统的基础是监控摄像机。几乎所有的自我监控系统都配有高清摄像机，以便在检测到入侵者时自动记录情况。一些最新的人工智能设备能够使用面部识别软件记录来拜访你的亲朋好友，并把他们脸部照片放入到一个熟人数据库中。这种智能行为使得系统更容易区分来访者是入侵者还是假警报（如意想不到的客人或家里的小狗）。

智能安全设备提供的不仅仅是一个简单的摄像机。通过门、窗、温度传感器和湿度传感器的集成，这些设备可以识别更加广泛的安全问题，或是可以提醒你还有一扇窗没有关。许多自我监控的安全设备还提供音频传感器，可以在窗户被破坏时发送警报。令人惊讶的是，许多高科技的设备还配备了极好的老式警笛，可以有效地阻止罪犯和向邻居告警。

当你出门之后，可以通过家中门窗上的传感器了解到有什么东西被别人打开了。来自这些传感器的数据也是无价之宝，提醒你离家去度假之前关好所有的门窗。一些系统甚至还配备可以提醒你温度和湿度的意外变化的传感器。当你离家时，如果热水器停止工作了，你可以在管道冻结之前打电话呼叫维修人员。

智能家居一体化

"人工智能"一词经常与Alexa，Google Assistant 和 Siri 等数字助理混为一谈。但事实并非如此，这些系统利用强大的人工智能算法来响应语音命令，而且还一直在不断改进中。

用户可以使用相同的语音识别技术控制当今最先进的家庭安全系统，使数字助理非常有用。语音命令允许用户进行快速布防或撤防，并简化复杂的调试与编程操作。随着语音识别技术的不断发展，安全系统将扩展其语音技能。

几乎所有的自我监控家庭安全系统都可以与智能家居技术的其他部分相结合。照明系统可以连接安全系统，如果出现非法闯入，那么灯就会被打开。还有智能门锁，可以通过手机直接锁门、开门。

像亚马逊 Alexa 或 Google Home 的数字助理也兼容了许多自我监控的安全系统。这些数字助理还未完全兼容人工智能动力设备，如来自 Lighthouse 或 Buddy Guard 的设备，不过，随着数字助理开始主导智能家居市场，一体化的发展速度也会非常快。

智能家居技术的其他部分经常也可用来增强家庭的安全度、便利度和舒适度。你可以将智能应用中心连接到自动喷水灭火系统和设备上，以便在任何地方都可以进行控制。现在许多自动化灯具开始慢慢地了解你的日常规律（关掉不必要的灯以节省电费），并模拟你的照明习惯，当你出门时，让别人感觉家里有人。

人工智能集成系统

在智能家居中，使用数据驱动的机器学习并不是什么新鲜的事情。像 Alexa 和 GoogleHome 这样的数字助理多年来都在利用它们麦克风收集的数据开发人工智能技术。

随着人工智能家庭安全设备的推出，出现了有关隐私和安全的新问题。例如，各种智能家居设备不能很好地集成造成隐私泄露，不能准确的进行面部和语音识别造成安全隐患，以及呼叫警察机器人误报警所带来的法律后果，但这些问题的解决都是指日可待的。

1）智能灯光控制：可以用遥控等多种智能控制方式实现对全宅灯光的开关、调光等灯光场景效果的控制。

2）智能电器控制：采用弱电控制强电方式，可以用遥控、定时等控制方式实现对多种电器的控制。比如，智能温控，无论人在哪里，都可以远程控制家里的空调、地暖、新风等系统，为用户提供一个恒温舒适的室内环境。

3）安防监控系统：实行安全防范系统自动化监控管理，住宅若发生火灾、有害气体泄漏、偷盗等事故，安防监控系统能实行自动报警；用户不在家时，还能通过电脑、手机等实时查看监控录像，并进行远程控制。

4）智能背景音乐：在家庭任何一处位置，都可以将 MP3、FM、DVD、计算机等多种音源进行系统组合，让每个房间都能听到美妙的背景音乐，起到美化空间的装饰作用。

5）智能视频共享：将数字电视机顶盒、DVD、录像机、卫星接收机等视频设备集中安装在隐蔽的地方，系统可以做到让客厅、餐厅、卧室等多个房间的电视机共享家庭影音库，并能通过遥控器选择自己喜欢的影音源进行观看。

6）家庭影院系统：在家庭环境中搭建一个接近影院效果的系统，让用户在家即能欣赏影院效果级别的电影，聆听专业级音响带来的音乐享受。

7）智能浇灌系统：可以设定好每隔几天定时自动浇灌，太忙没有时间照顾花园时可以在计算机上查看家里的状况，按下自动浇灌按钮，能够按照设定模式为整个花园浇灌。

8）系统整合控制：本着有效提高产品的使用率、尽量减少成本、让功能最大化的目的，实现让用户仅需要在系统整合智能家居产品里，就可以做到灯光控制、电器控制、安防报警、背景音乐调节、视频共享等功能。

相信通过上文对于人工智能家具产品的这些介绍，大家肯定都对这方面的情况比较了解了。人工智能家居由很多不同的产品和功能组成，在实际的使用中能够带来非常好的效果。大家如果以后想要提高自己的生活品质，现在在家里安装人工智能家居系统是非常不错的一个选择，能够改变我们的生活方式，让我们的生活变得更加便利和舒适。

05
人工智能与农业

▼

智慧农业就是将互联网大数据、云计算、物联网、音视频、无线通信等运用到传统农业中去，使传统农业更具有"智慧"，让数据发挥价值，让决策更科学。

智慧农业模式图

智慧农业已经成为世界范围内农业生产的新趋势。主要体现在4个方面：

1）规模农业在发达国家仍占主流地位。利用物联网等技术，收集有关田地的精确数据，制定策略，对每一小块土地精耕细作，从每一颗种子中榨取出最高的价值，这就是"精准农业"。美国《外交事务》杂志刊载文章披露，因为人工测试土壤的成本昂贵，美国大多数农民在实际操作中每2.5英亩（约合10117平方米）采一个泥土样本，巴西每12.5英亩（约合50585

平方米）采一个样本。但 1 英亩（约 4047 平方米）内的土壤有时各个指标差异很大，这样的采样结果并不精准。农业专家的对策是开发低成本的传感器，提高采样密度。例如，每隔 1 米就在土壤中插一个新的酸度传感器，它们自动读取数据并记录传感器所在位置的 GPS 坐标，这种做法的经济成本比同等密度下的人工采样显著降低。

2）农业云服务覆盖广泛。利用美国"气候看守者（ClimateMinder）"公司开发的监控设备，传感器负责测量土壤中的盐分和水分等，物联网采用射频识别的电子标签，把数据发送到气候看守者公司的网络服务器。农民可以通过特定账号访问网站，实时观察温室的各项数据。

3）养殖业向无人化发展，环境、动物健康状况检测用上了传感器。为了生产更多更好的肉、蛋、奶，禽畜饲养业中与动物健康相关的大量数据，也是智慧农业实现精准化操作所必需的关键信息。这方面典型的监测数据包括动物体温、脉搏和空间位置等，传感器对于监控动物繁殖和疾病至关重要。

欧盟对于精准禽畜饲养很重视，近年来赞助了多个项目。如在 2011 年投入运营的 PCM 项目，旨在对猪咳嗽进行记录、监控。该项目相比人工观察，能更早发现猪的呼吸系统疾病，便于兽医迅速介入，及早治疗。

法国国家农业研究院则通过在牛群中安装传感器，对牛的实时位置、体重、食物摄入量、甲烷排放量等进行统计，强化对牲畜行为的研究和分析。

4）智能灌溉滴水归田，节能高效。农业灌溉用水利用率不高的情况，在全球很多国家和地区存在。为解决这一问题，智慧灌溉能够通过传感器探测土壤中水分含量，根据不同作物的根系对水的吸收速度和需求量的不同，控制灌溉系统进行有效运作，从而达到自动节水、节能的目标。

目前，智慧农业在 8 个方面获得了很好的应用：智能设施化温室大棚、植保无人机、水肥一体化栽培系统、LED 生态种植工厂、工厂化专业育苗、智能农机、智能孵化工厂、智能养殖场。

智慧农业就是在生产领域精准精细；在经营领域，实现高度定制的农业；在信息服务领域，全方位地收集和利用了动态的实时的信息，最后实现了精准、精致、高效和绿色农业。

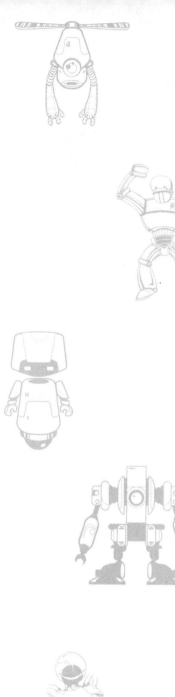

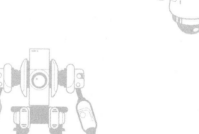

Chapter 6
人工智能在机器人中的应用

/ 01 人工智能与机器人

/ 02 机器人的概念

/ 03 机器人的手——机械臂

/ 04 机器人的腿

/ 05 机器人的大脑

/ 06 机器人的感知系统

01
人工智能与机器人

▼

首先，不要一提到人工智能就想到机器人，机器人只是人工智能的容器，机器人有时候是人形，有时候不是，而人工智能则是机器人"体内"的"大脑"。对于人工智能来说，机器人这样的外形不是必需的。例如，机器人背后的软件和数据是人工智能，机器人说话的声音是这个人工智能的人格化体现，但是人工智能本身并没有机器人这个组成部分。

人工智能的概念很广，所以人工智能也分很多种，我们常把人工智能分成两大类：弱人工智能和强人工智能。

让我们来看看这个领域的科学家对于人工智能是怎么看的，以及为什么人工智能革命可能比你所想的要近得多。我们现在的周围充满了弱人工智能。虽然现在的弱人工智能没有威胁到我们的生存，我们还是要怀着严谨的态度看待正在变得更加庞大和复杂的弱人工智能的生态。每一个弱人工智能的创新，都在给通往强人工智能和超人工智能的过程添砖加瓦。用艾伦·萨恩斯（Aaron Saenz）的观点来说就是：现在的弱人工智能，就如同地球早期的氨基酸——没有动静的物质，突然之间就组成了生命。

02
机器人的概念

🤖 什么是机器人？

机器人是自动执行工作的机器装置。它既可以接受人类指挥，又可以运行预先编排的程序，也可以根据以人工智能技术制定的原则行动。它的任务是协助或取代人类工作，例如，生产制造业、建筑业等行业中的工作。机器人的英文 robot，原意是用人手制造的工人。该词源于一名捷克作家于 1920 年创作的一部科幻剧本。

🤖 人工智能机器人

人工智能机器人是机器人与人工智能之间的桥梁，具体指的是由人工智能程序控制的机器人。

许多机器人不是人工智能的，直到最近，大多数的工业机器人只能被编程而执行重复的一系列的运动。正如我们所讨论的，重复运动不需要人工智能。

非智能机器人的功能相当有限，人工智能算法通常需要机器人执行更复杂的任务。

阿尔法围棋（AlphaGo）就是一款会思考、学习的人工智能机器人。AlphaGo 可以根据人类的棋谱，进行强化学习，进行自我训练，在每次与人博弈的时候，根据学习的技巧选择最佳落子位置。后续又出现 AlPhaGoZero 智能机器，它不再需要人类提供棋谱进行学习，而是随意地在棋盘上下棋进行自我博弈。

非人工智能机器人

一个简单的协同机器人是非人工智能机器人的完美例子。例如，您可以轻松地编写一个机器人程序来拾取一个对象，并将其放在其他位置。然后，机器人程序将继续以完全相同的方式选择和放置对象，直到将其关闭，这是一个自主的功能，因为机器人在编程之后不需要任何人工输入。但是，这样的任务不需要任何智能。

03
机器人的手——机械臂

机械臂的组成构件主要是刚性连杆及运动副,它也被称为机械手或操作器。在机械臂的末端,固定着一个夹持式手爪,被称为末端执行器。末端执行器可以是焊枪、油漆喷枪、钻头、自动螺母扳手等,可按工作需要随时更换。

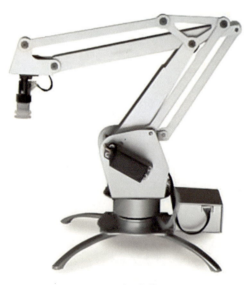

机械臂

机械臂的发展得益于它的作用正日益为人们所认识：其一，它能部分代替人工操作；其二，它能按照生产工艺的要求，遵循一定的程序、时间和位置来完成工件的传送和装卸；其三，它能操作必要的机器和工具进行焊接和装配，从而大大地改善工人的劳动条件，显著地提高了劳动生产率，加快实现工业生产机械化和自动化的步伐。因而，机械臂受到很多国家的重视，投入大量的人力物力来对其进行研究。尤其是在高温、高压、粉尘、噪音和带有放射性和污染的场合，机械臂的应用更为广泛。机械臂在我国近几年也有较快的发展，并且取得一定的效果，受到机械工业的重视。

机械臂是一种能自动控制并可重新编程的多功能机器，它有多个自由度，可以搬运物体以完成在不同环境中的工作。

机械臂的结构形式比较简单，专用性较强。随着工业技术的发展，研制出了能够独立地按程序命令实现重复操作，适用范围比较广的"程序控制通用机械臂"，简称通用机械臂。由于通用机械臂能很快地改变工作程序，适应性较强，所以它在不断变换生产品种的中小批量生产中获得广泛的应用。

近年来，人工智能和机器人技术已经取得了长足的进步，并且从特定的工业用途拓展到了更广阔的应用场景。欧姆龙展示了一台可与真人对战的人工智能乒乓球机器人——Forpheus。Forpheus 可以让你产生一种棋逢对手的感觉。从 2014 年的第一代机型开始，目前它已经进化到了第四代。升级后的机器加入了一个辅助臂，能够半空中接球，而改进后的人工智能算法，让它可以更智能地预测乒乓球的线路。Forpheus 采用了五轴电机系统来执行移动和挥拍的操作，而它的"大脑"，就是运动控制器。控制器可以告诉机器如何击球，在 1/1000 秒的时间内做出反馈。对付不怎么会打球的人，最投机取巧的办法，就是把球尽量往桌子两侧边缘处打。但是这招对 Forpheus 却不再管用，因为系统的识别精度很高，能够洞悉你的挥拍、击球点，然后将误差控制在 0.1 毫米内。机器两侧安装了两个摄像头，以帮助其识别乒乓球的 3D 方位。研发公司表示，Forpheus 可以探测到球的速度和每秒 80 次的旋转，这让它预测乒乓球的轨迹成为现实。至于中间的第三个摄像头，则是用来追踪玩家的动作，然后评估对手的技能水平。

借助机器学习技术来分析球的轨迹，人工智能就可以判断对手的实力，并将自己的竞技水准调整至旗鼓相当的水平。最后，研发公司还用一块扁长的彩屏来代替球网，上面可以显示一些实时信息。

得益于这两年人工智能技术的迅猛发展，Forpheus 乒乓球机器人也应用了人工智能技术，其实力大幅提升，不仅能应对简单的扣杀，甚至还学会了发球，并且击球反应速度也明显提升，对于初学乒乓球的人，是个不错的"乒乓球教练"。

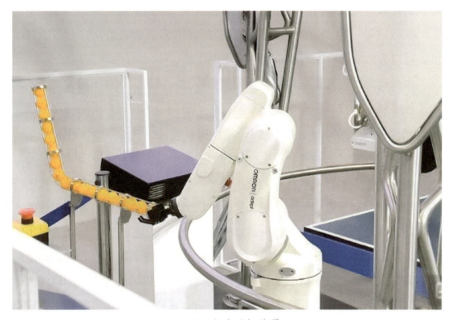

用于发球的机械臂

虽说第四代 Forpheus 实力提升，不过整机在外观设计上并没有太多变化，球网两面依然是显示器，可实时显示球手的相关状态，如球速等。而为了捕捉对手相关状态信息，机器人上还设置了三台高速摄像头。使用三条灵活的机械臂固定乒乓球拍，增加的发球功能则是在旁边增加了一台发球设备，用于抛射出乒乓球，再加上背后电脑的运算控制，从而实现更智能的接发球功能。

乒乓球机器人需借助电脑运算控制

不过从实际效果来看,这款第四代 FORPHEUS 乒乓球机器人当前还只能应对速度较慢的接发球,但从整个行业来看,其进步已经很明显了,以前连想都不敢想的接杀球,现在只要不是太刁钻,回过去都没有问题。

04
机器人的腿

▼

机器人的行走方式可分为固定式轨迹和无固定式轨迹两种。固定式轨迹主要用于工业机器人,它是对人类手臂动作和功能的模拟和扩展;无固定式轨迹用于具有移动功能的移动机器人,它是对人类行走功能的模拟和扩展。

移动机器人的行走结构形式主要有车轮式移动结构、履带式移动结构、步行式移动结构,此外,还有步进式移动结构、蠕动式移动结构、混合式移动结构和蛇行式移动结构等,适合于各种特殊的场合。

从移动机器人所处环境看,可以分为结构环境和非结构环境两类。结构环境的移动环境是在轨道(一维)上和铺好的道路(二维)上。在这种场合,就能利用车轮移动结构。非结构环境主要是指陆上二维、三维环境;海上、海中环境;空中宇宙环境等原有的自然环境;陆上建筑物的阶梯、电梯、间隙沟等。在这样的非结构环境领域,可参考自然界动物的运动结构,也可以利用人们开发履带式和全地形轮式等结构。

常见的行走结构

车轮式移动结构

轮式机器人,即驱动轮子从而进行移动和工作的机器人。虽然其运动稳定性与路面的路况有很大关系，但是由于其具有自重轻、承载大、机构简单、驱动和控制相对方便、行走速度快、工作效率高等特点，从而被广泛应用，如下图。

轮式机器人

履带式移动结构

履带式移动结构的最大特点是将圆环状的无限轨道履带卷绕在多个车轮上，使车轮不直接与路面接触。利用履带可以缓冲路面地形，因此可以在各种路面条件下行走。履带式移动结构具有如下特点：支承面积大，接地比压小；适合松软或泥泞场地作业，下陷度小、滚动阻力小、越野机动性能好，爬坡、越沟等性能极强；履带支承面上有履齿，不易打滑，牵引性能好，有利于发挥较大的牵引力；转向半径极小，可以实现原地转向；结构复杂、重量大、运动惯性大、减震性能差、零件易损害。

履带式机器人

步行式移动机构

  与轮式机器人相比，步行式机器人最大的优点就是其对行走路面的要求很低，不仅能在平地上步行，而且能在凹凸不平的地上步行，能跨越沟壑，上下台阶，用于工程探险勘测或军事侦察等人类无法完成的以及危险环境的工作；也可开发成娱乐机器人玩具或家用服务机器人，具有广泛的适应性。主要设计难点是机器人跨步时自动转移重心而保持平衡的问题。主要的控制特点是使机器人的重心保持在与地面接触的脚掌上，一边不断取得准静态平衡，一边稳定地步行。为了能变换方向和上下台阶，结构特点上一定要具备多自由度。

步行式机器人

05
机器人的大脑

机器人的动作、运动都是通过控制系统完成的，控制系统相当于机器人的"大脑"。

"机器脑"控制系统的基本要求是：一，实现对机器人的位置、速度、加速度等的控制功能，对于连续轨迹运动的机器人还必须具有轨迹的规划与控制功能；二，具有方便的人-机交互功能，以便让操作人员采用直接指令代码对机器人进行作用指示；三，还要让机器人具有作业知识的记忆、修正和工作程序的跳转功能；四，具有对外部环境（包括作业条件）的检测和感觉功能。主要功能的实现是通过接收来自传感器的检测信号，根据操作任务的要求，驱动机械臂中的各台电动机。就像我们人的活动需要依赖自身的感官一样，机器人的运动控制离不开传感器。机器人的内部传感器信号被用来反映机械臂关节的实际运动状态，机器人的外部传感器信号被用来检测工作环境的变化。

🤖 机器人控制系统类别简介

机器人的控制系统也是在不断发展的，按照智能从低到高的级别，有以下几种系统。

1）可编程控制系统：给每个自由度施加一定规律的控制作用，机器人就可实现所要求的空间轨迹。

2）模糊控制系统：人类对事物判断很多都是"模糊"的，比如，划分年龄段 45 岁以下为青年，45~59 岁为中年，60 岁以上为老年，这样的判断都是模糊的。"模糊"比"清晰"所拥有的信息容量更大，内涵更丰富，更符合客观世界存在的情况。模糊控制是利用人的知识对控制对象进行控制的一种方法，通常用"if 条件，then 结束"的形式来表现。

3）自适度控制系统：当外界条件变化时，按条件变化可以自行调整参数，使其在新的条件下达到最优控制的系统，例如，汽车灯光会根据道路状况改变（高速路段、乡村路段等），行车状态改变（驾驶车速、前方出现行人等），天气状态改变（下雨、起雾等）自动调整灯光亮度、角度，以达到最好的照明效果。

4）神经网络控制系统：该系统主要是模拟人脑的智能行为，设计对应的学习算法，然后在技术上实现出来用以解决实际问题。比如，有一块白色的芝士和一块黑色的巧克力，人类用眼睛观察颜色就能区别。神经网络控制系统，是根据采用的 3 个参数值，代入相应的计算公式得出一个数值，然后代入函数（大于 0 是芝士，小于 0 是巧克力）。

5）遗传算法控制系统：遗传算法是一种基于自然选择和群体遗传机理的搜索算法。例如让使用遗传算法的机器人随机画几万张初始物种种群，有的像石头、树、天空、猪、狗等，接着挑出哺乳类动物的图片，以挑出的图片作为参考让机器人再画了几万张图，结合了挑选出的动物器官形态特征，用交叉变异的特性画出猴子、猩猩等灵长目动物，如此反复多轮以后画出了接近真实的人类图片。

实例

机器人大脑是一个大型运算系统，可以通过网络资源、计算机模拟和真实机器人实验，学习和掌握相关信息资源，以帮助机器人识别各种信息，理解人类的语言和行为。

目前，图灵机器人是中文语境下智能度最高的机器人大脑，是全球领先的中文语义与认知计算平台。图灵机器人对中文语义的理解准确率达到90%以上，可为智能化软硬件产品提供中文语义分析、自然语言对话、深度问答等人工智能技术服务。

图灵机器人为长相各异的机器人提供大脑（即人工智能的部分）。图灵的工作人员经常会随身带着一个长得像"大白"的机器人，它最会逗人的动作是跳霹雳舞。

这是图灵机器人在智能玩具上的一个应用。此外，还有苹果手机中的Siri、家用服务机器人、智能车载系统，以及虚拟现实头盔、智能家居等，都是需要通过机器人大脑才能运作。

06
机器人的感知系统

人类和高等动物都具有丰富的感觉器官：眼、耳、鼻、舌等，能通过视觉、听觉、嗅觉、味觉、触觉来感受外界刺激和我们自己身体内部的状态，获取信息：天气如何，路上行人车辆多不多，头是否疼，是不是饿了。这些内外环境信息被准确、快速地传给我们，我们才能够自如地应对各种变化的环境。智能机器人也需要有这样的感知能力来提高对环境变化的应变能力。智能机器人同样可以通过各种传感器来获取周围的环境信息，传感器对机器人有着必不可少的重要作用。传感器技术从根本上决定着机器人环境感知技术的发展。目前主流的机器人传感器包括视觉传感器、听觉传感器、触觉传感器等，而多种传感器信息的融合也决定了机器人对环境信息的感知能力。

视觉感知

在第 3 章中，我们详细介绍过机器视觉，机器人的视觉基础就是利用了机器视觉的各种算法。视觉系统具有获取的信息量更多、更丰富，采样周期短，受磁场和传感器相互干扰影响小，质量轻，能耗小，使用方便经济等优势，在很多移动机器人系统中受到青睐。

视觉传感器将景物的光信号转换成电信号。目前，用于获取图像的视觉传感器主要是数码摄像机。在机器人视觉传感器中主要有单目、双目与全景摄像机 3 种。

单目摄像机对环境信息的感知能力较弱,获取的只是摄像头正前方小范围内的二维环境信息;双目摄像机对环境信息的感知能力强于单目摄像机,可以在一定程度上感知三维环境信息,但对距离信息的感知不够准确;全景摄像机对环境信息感知的能力强,能在 360 度范围内感知二维环境信息,获取的信息量大,更容易表示外部环境状况。

为了获取机器人所处环境的三维信息,很多移动机器人装备了 RGB-D(红绿蓝—深度)传感器,就是 1 台彩色摄像机+1 个红外测距传感器。彩色摄像机获得平面信息,如物体的形状、颜色等,红外测距传感器同时获得物体距离机器人的远近。几种数据结合使用,能够达到较好的定位和导航效果,帮助机器人走路和避障。

视觉传感器的缺点是感知距离信息差,很难克服光线变化及阴影带来的干扰,并且视觉图像处理需要较长的计算时间,图像处理过程比较复杂,动态性能差,因而很难适应实时性、要求高的作业。

听觉感知

听觉是机器人识别周围环境很重要的感知能力,尽管听觉定位精度比视觉定位精度低很多,但是听觉有很多其他感官无可比拟的优势。听觉定位是全向性的,传感器阵列可以接受空间中的任何方向的声音。机器人依靠听觉可以在光线很暗的环境中工作,通过声源定位和语音识别完成任务,这是依靠视觉不能实现的。

目前听觉感知还被广泛应用于感受和解释气体(非接触感受)、液体或固体(接触感受)中的声波。声波传感器按其复杂程度,应用场景可以从简单的声波存在检测到复杂的声波频率分析,直到对连续自然语言中单独语音和词汇的辨别。无论是在家用机器人还是在工业机器人中,听觉感知都有着广泛的应用。

触觉感知

触觉是机器人获取环境信息的一种仅次于视觉的重要知觉形式，是机器人实现与环境直接作用的必需媒介。与视觉不同，触觉本身有很强的敏感能力，可直接测量对象和环境的多种性质特征。因此触觉不仅仅只是视觉的一种补充。与视觉一样，机器人触觉基本上是模拟人的感觉，广义地说，它包括接触觉、压觉、力觉、滑觉、冷热觉等与接触有关的感觉，狭义地说，它是机械臂与对象接触面上的力感觉。

机器人触觉能达到的某些功能具有其他感觉难以替代的特点。与机器人视觉相比，许多功能为触觉独有，例如，感知物体表面的软硬程度。触觉融合视觉可为机器人提供可靠而精准的知觉系统。

环境信息融合感知

机器人主要通过传感器来感知周围的环境，但是每种传感器都有其局限性，单一传感器只能反映出部分的环境信息。为了提高整个系统的有效性和稳定性，进行多传感器信息融合已经成为一种必然的要求和趋势。

现阶段研究的移动机器人只具有简单的感知能力，通过传感器收集外界环境信息，并通过简单的映射关系实现机器人的定位和导航行为。智能移动机器人不仅应该具有感知环境的能力，而且还应该具有对环境认知、学习、记忆的能力。未来研究的重点是具有环境认知能力的移动机器人，运用智能算法等先进的手段，通过学习逐步积累知识，使移动机器人能完成更加复杂的任务，例如，成为人类的助手，共同完成艰巨的任务。

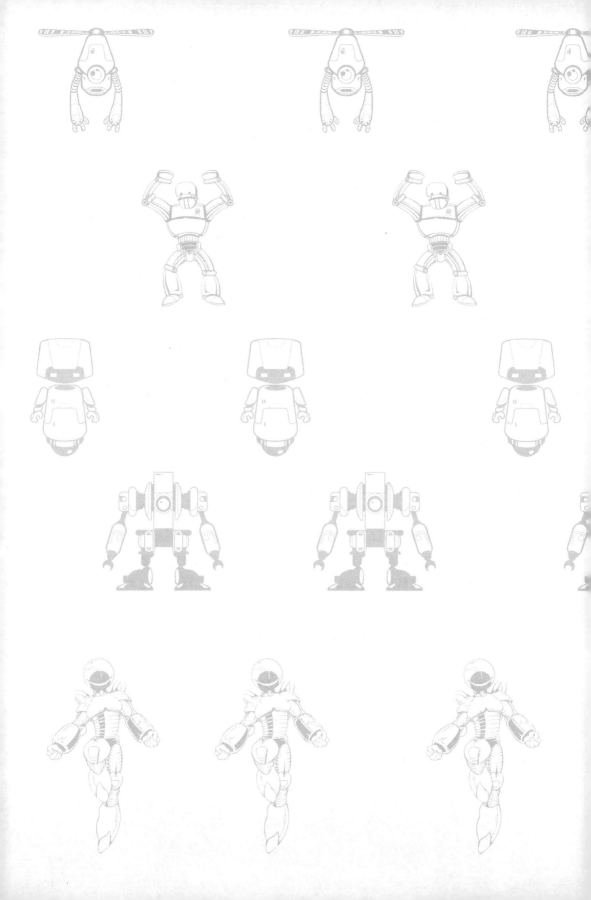

Chapter 7
当人工智能遇到机器人

/ 01　人工智能和机器人

/ 02　机器人技术的发展

/ 03　机器人技术应用与未来

/ 04　谁将主宰未来——人还是智能机器人

01
人工智能和机器人

工业机器人经过半个多世纪的发展,已经成为现代工业必不可少的先进设备,代表着制造业的发展方向。同时,工业机器人正在向更智能、更人性化的方向演变。人工智能技术的突飞猛进,为机器人实现从计算智能、感知智能向认知智能的转变提供了有力保障,促进机器人向具备运动、感觉及思考功能于一体的方向发展。

现阶段,机器人还处在感知智能阶段,深度学习算法、人工神经网络的应用大大提高其视觉识别、语音识别及自然语言识别等方面的性能,机器视觉的识别率已经超过人眼。

人工智能技术的应用,也带动了服务机器人市场的大发展。服务机器人的核心任务是为人类服务,现阶段的市场主要集中在扫地、送餐、老人陪伴及儿童教育等家用机器人市场。服务机器人要获得大规模应用,需要具备简单易用且使人产生依赖感的特性,核心任务是为人类解决实际问题。机器人的发展必须与实际场景应用匹配,将现有的机器人领域研究成果与人工智能算法紧密结合,以用户体验感为突破点,寻求与应用场景匹配的解决方案。

尽管目前人工智能还处在弱人工智能阶段,人工智能技术的发展仍然为机器人拥有聪明的大脑提供了可能,尤其是为机器人与人类共处,为人类提供帮助,减轻人类劳动负担,提供了可行的发展方向。

02
机器人技术的发展

▼

2018年，被称为人工智能元年，世界各国竞相发展人工智能技术的研究和应用，人工智能对社会和经济带来巨大的影响和变革。这种影响首先体现在科技界，业内领先的科技公司，如谷歌、Facebook、IBM等都投入重金在人工智能方面钻研技术、培养团队。谷歌收购了数十家人工智能和机器人制造公司，如用4亿英镑收购DeepMind公司；Facebook成立人工智能实验室，收购Face.com；IBM投资10亿美元成立人工智能部门。智能机器也出现在Gartner公司发布的2015～2016年中国十大战略技术趋势中。

学术界对机器人的研究由控制机器骨骼运动，深入到神经系统层面，通过对人体触觉等感知神经元输送到大脑的研究，希望机器人可以模拟、重现人体感知，但是机器人在语义理解、自我认知、情感交互等方面仍处于初始阶段，一些瓶颈问题尚需技术突破和理论支撑。

从概念上讲，机器人是人工智能技术的一个应用领域，人工智能技术能够在机器人这种具有实体和执行能力的对象上得到更全面的体现。人工智能技术的发展，也丰富了机器人的概念，机器人已经不仅局限于能够"摸得着、看得见"的实物，还有"看不见"但一直在帮助我们的机器人，如"翻译机器人""语音应答机器人"等。

工业机器人发展史

工业机器人是面向工业领域的多关节机械手或多自由度的机器装置，它能自动执行工作，是靠自身动力和控制能力来实现各种功能的一种机器。它可以接受人类指挥，也可以按照预先编排的程序运行，现代的工业机器人还可以根据人工智能技术制定的原则纲领行动。

乔治·迪沃（George Devol）在 1954 年申请了第一个机器人专利（于 1961 年授予）。1956 年，基于自己的原始专利，他和约瑟夫·恩格尔伯格（Joseph F. Engelberger）成立了第一家制作机器人的公司——Unimation。Unimation 机器人也被称为可编程机器人，因为一开始 Unimation 机器人的主要用途是将目标对象从一个点传递到约 3 米左右的另一个点。他们用液压执行机构，并编入关节坐标（存储和回放操作中的各关节的角度）。Unimation 后将其技术授权给川崎重工和吉凯恩集团（GKN），分别在日本和英国制造机器人。一段时间以来，Unimation 公司唯一的竞争对手是美国俄亥俄州的辛辛那提米拉克龙公司。这从根本上改变了 20 世纪 70 年代后期，几个日本大财团开始生产类似的工业机器人的局面。

1969 年，维克多·沙因曼（Victor Scheinman）在斯坦福大学发明了"斯坦福大学的手臂"——全电动、6 轴多关节型机器人的设计方案。这使得机械手能够精确地跟踪在空中的任意路径，拓宽了机械手潜在用途，机器人开始在更复杂的环境中应用，如实现装配和焊接等。沙因曼在 MIT 人工智能实验室设计了第二臂，被称为"麻省理工学院手臂"。沙因曼接受了 Unimation 资助的奖学金用来发展他后来的设计，这些设计卖给了 Unimation 公司，进一步支持了机器人的技术发展，成为后来通用汽车公司上市的可编程的通用机装配机械手，也被叫做 PUMA 机器人。

现代机器人的研究始于 20 世纪中期，其背景是计算机和自动化技术的发展，以及核工业技术的开发利用。1946 年，第一台数字电子计算机问世以来，计算机取得了惊人的进步，向着高速度、大容量、低价格的方向发展。

工业产品大批量生产的迫切需求推动了自动化技术的进展，其结果之一便是 1952 年数控机床的诞生。可以说，与数控机床相关的控制、机械零件的研究为机器人的开发奠定了基础。

核技术应用实验室的恶劣环境，客观上要求能研制出某些操作机械代替人来处理放射性物质。在这一需求背景下，美国原子能委员会的阿尔贡研究所于 1947 年开发了遥控机械手，1948 年又开发了机械式的主从机械手。

乔治·迪沃发明专利的要点是借助伺服技术控制机器人的关节，利用人手对机器人进行动作示教，机器人能实现动作的记录和再现。这就是所谓的示教再现机器人。现有的机器人大多都采用这种控制方式。

作为机器人产品最早的实用机型是 1962 年美国 AMF 公司推出的"VERSTRAN"和 Unimation 公司推出的"UNIMATE"。这些工业机器人的控制方式与数控机床大致相似，但外形特征迥异，主要由类似人的"手"和"臂"组成。

1965 年，MIT 的机器人演示了第一个具有视觉传感器的、能识别与定位简单积木的机器人系统。

1967 年，日本成立了人工手研究会（后改名为仿生机构研究会），同年召开了日本首届机器人学术会。

1970 年，在美国召开了第一届国际工业机器人学术会议。1970 年以后，机器人的研究在世界各国迅速展开。

1973 年，辛辛那提米拉克龙公司制造了第一台由小型计算机控制的工业机器人，它是由液压驱动的，能提升的有效负载达 45 公斤。

随后，工业机器人在日本得到了巨大发展，日本也因此赢得了"机器人王国"的称谓。

据联合国欧洲经济委员会（UNECE）和国际机器人联合会（IFR）的统计，至 2003 年末，在美国运行的机器人总量为 112400 套，比 2002 年增长 7%。当时预测，到 2007 年底，运行的机器人数量将达到 145000 套。就每万名雇员拥有工业机器人数进行统计，2003 年末，美国制造业中每 1 万名雇员拥有 63 个工业机器人。尽管从排名上说，美国已经进入世界前十名，但其与前几名仍然有很大的差距，这一数据仅相当于德国的 43%、意大利的 54%、欧盟的 68%。与普通的制造业相比，美国汽车工业中每万名产业工人拥有的工业机器人数量大大提高，达到 740 个，但仍然远远低于日本（每万名工人拥有 1400 个机器人）、意大利（每万名工人拥有 1400 个机器人）和德国（每万名工人拥有 1000 个机器人）。

美国是机器人的诞生地，比起号称"机器人王国"的日本起步至少要早五六年。经过半个多世纪的发展，美国现已成为机器人强国之一，基础雄厚、技术先进。纵观它的发展史，道路是曲折的、不平坦的。

20 世纪 60 年代到 70 年代期间，美国的工业机器人主要立足于研究阶段，只在几所大学和少数公司开展了相关的研究工作。那时，美国政府并未把工业机器人列入重点发展项目，特别是美国当时失业率高达 6.65%，政府担心发展机器人会造成更多人失业，因此既未投入财政支持，也未大规模组织研制机器人。而企业在这样的政策引导下，也不愿冒风险去应用或制造机器人。致使美国错过了发展良机，固守在使用刚性自动化装置的层面上，这不能不说是美国政府的战略决策失误。20 世纪 70 年代后期，美国政府和企业界虽对工业机器人的制造和应用认识有所改变，但仍将技术路线的重点放在研究机器人软件及军事、航天、深海探测、核工程等特殊领域的高级机器人的研发上，致使日本的工业机器人后来居上，并在工业生产的应用及机器人制造业方面很快超过了美国，产品在国际市场上形成了较强的竞争力。

进入 20 世纪 80 年代之后，美国才感到形势紧迫，政府和企业界才开始真正重视机器人研究，并很快制定和采取了相应的政策和措施。一方面，鼓励工业界发展和应用机器人；另一方面，制订计划、提高投资，增加机器人的研究经费，把机器人看成美国再次工业化的象征，使美国的机器人迅速发展。20 世纪 80 年代中后期，随着各大厂家应用机器人的技术日臻成熟，第一代机器人的技术性能越来越满足不了实际需要，美国开始生产带有视觉传感器、力觉传感器的第二代机器人，并很快占领了美国 60% 的机器人市场。

与此同时，20 世纪 70 年代的日本正面临着严重的劳动力短缺，这个问题已成为制约其经济发展的一个主要问题。毫无疑问，在美国诞生并已投入生产的工业机器人给日本工业经济带来了福音。1967 年，日本川崎重工公司首先从美国引进机器人及技术，建立生产厂房，并于 1968 年试制出第一台日本产 Unimation 机器人。经过短暂的"摇篮阶段"，日本的工业机器人很快进入实用阶段，并由汽车业逐步扩大到其他制造业及非制造业。1980 年，被称为日本的"机器人普及元年"，日本开始在各个领域推广使用机器人，这大大缓解了市场劳动力严重短缺的社会矛盾，再加上日本政府采取的多方面鼓励政策，这些机器人受到了广大企业的欢迎。1980～1990 年，日本的工业机器人发展处于鼎盛时期，后来国际市场曾一度转向欧洲和北美，但日本经过短暂的低迷期又恢复昔日的辉煌。1993 年末，全世界安装的工业机器人达 61 万台，其中日本占 60%、美国占 8%、欧洲占 17%。

德国工业机器人的数量排名世界第三，仅次于日本和美国，其智能机器人的研究和应用在世界上处于领先地位。目前，在普及第一代工业机器人的基础上，第二代工业机器人经推广应用已成为主流安装机型，而第三代智能机器人也已占有一定比重并成为今后发展的方向。

瑞典的 ABB 公司是世界上最大机器人制造公司之一，在 1974 年研发了世界上第一台全电控式工业机器人 IRB6，主要应用于工件的取放和物料搬运；1975 年，生产出第一台焊接机器人；到 1980 年，兼并 Trallfa 喷漆机器人公司后，其机器人产品趋于完备。ABB 公司制造的工业机器人广泛应用在焊接、装配铸造、密封涂胶、材料处理、包装、喷漆、水切割等领域。德国的 KUKA Roboter GmbH 公司是世界上顶级工业机器人制造商之一，1973 年研制开发了 KUKA 的第一台工业机器人，年产量达到一万台左右，所生产的机器人广泛应用在仪器组装、汽车、航天、食品、制药、医学、铸造、塑料生产等工业领域。

我国工业机器人起步于 20 世纪 70 年代初，其发展过程大致可分为三个阶段：20 世纪 70 年代的萌芽期；20 世纪 80 年代的开发期；20 世纪 90 年代的实用期。

1972 年，我国开始研制自己的工业机器人，"七五"期间，国家投入资金，组织科研队伍，开展对工业机器人及其零部件的研发攻关。完成了示教再现式工业机器人成套技术的研发，研制出了喷涂、点焊、弧焊和搬运机器人。

1986 年国家高技术研究发展计划（863 计划）开始实施，智能机器人的研究目标是跟踪世界机器人研究前沿技术，经过 20 多年的研究，取得了一大批科研成果，成功地研制出一批特种机器人、服务机器人和工业机器人。

21 世纪，我国的工业机器人经历了模仿、自主研发和创新的三个阶段，取得了长足的进步，先后研制出点焊、弧焊、装配、喷漆、切割、搬运、重载等各种用途的工业机器人，并实施了一批机器人重点应用工程，在全国形成了多个特色机器人产业化基地，为我国机器人产业未来的大发展奠定了坚实基础。

上文介绍了世界几个主要国家机器人的发展历史，从 2003 年至今的变化可谓突飞猛进。在近 15 年中，人工智能技术开始大力发展和日臻成熟，工业机器人逐步向智能化发展，尽管工业机器人的主流市场仍被"四大家族"把持着，但经过 20 多年的发展和努力，我国的工业机器人产业已初具规模。目前我国已生产出部分机器人关键元器件，开发出具有弧焊、点焊、码垛、装配、搬运、注塑、冲压、喷漆等功能的工业机器人。一批国产工业机器人已服务于国内诸多企业的生产线上；一批机器人技术的研究人才也涌现出来。一些相关科研机构和企业已掌握了工业机器人操作机的优化设计制造技术，工业机器人控制、驱动系统的硬件设计技术，机器人软件的设计和编程技术，运动学和轨迹规划技术，弧焊、点焊及大型机器人自动生产线与周边配套设备的开发和制备技术等，某些关键技术已达到或接近世界水平。

世界工业机器人发展已有 60 年的历史，我国的工业机器人发展也有 50 多年的历史，近 30 年来被人们广泛关注。进入 21 世纪后，工业机器人进入快速发展时期。随着机器人技术的发展和工业机器人的广泛应用，装备制造业正在面临一次新的变革。

机器人到机器人技术

机器人作为人类 20 世纪最伟大的发明之一，经历了很长的发展历程。

1927年，美国西屋电气公司工程师温兹利制造了第一个机器人"电报箱"，它是电动机器人，装有无线电发报机。1959年，第一台可以编程、画坐标的工业机器人在美国诞生。近年来，信息技术的发展使软件机器人、网络机器人诞生，机器人概念继续拓展。

机器人技术涉及机械、电子、控制、计算机、人工智能、传感器、通信、网络等多个学科和领域，是多种高新技术发展成果的综合集成。它的发展与上述学科发展密切相关。机器人在制造业的应用范围越来越广阔，其标准化、模块化、网络化和智能化的程度也越来越高，功能越来越强，并向着成套技术和装备的方向发展。

在人工智能技术取得越来越多进展的推动下，机器人技术应用正在从传统制造业向非制造业转变，向以人为中心的个人化和微小型方向发展，已经开始服务于人类活动的各个领域。总趋势正在从狭义的机器人概念向广义的机器人技术概念转移；从工业机器人产业向解决工程应用方案业务的机器人技术产业发展。机器人技术的内涵包括"灵活应用机器人技术、具有实在动作功能的智能化系统"。目前，工业机器人技术正在向智能机器和智能系统的方向发展，发展趋势主要体现在七个方面：①机器人机构技术——开发出多种类型机器人机构，研究重点是机器人新的结构、功能及可实现性，目的是使机器功能更强、柔性更大、满足不同目的的需求。②机器人控制技术——实现了机器人的全数字化控制，重点研究开放式、模块化控制系统，人机界面更加友好，具有良好的语言及图形编辑界面。机器人控制器的标准化和网络化，以及基于PC机网络式控制器已成为研究热点。③数字伺服驱动技术——实现全数字交流伺服驱动控制，绝对位置反馈，目前正研究利用计算机技术，探索高效的控制驱动算法，提高系统的响应速度和控制精度，利用现场总线技术实现分布式控制。④多传感系统技术——多种传感器的应用是提高机器人的智能和适应性的关键。目前视觉传感器、激光传感器等已在机器人中成功应用。下一步的研究热点集中在可行的多传感器融合算法，以及解决传感系统的实用化问题。⑤机器人应用技术——主要包括机器人工作环境的优化设计和智能作业，实现机器人作业的高度柔性和对环境的适应性。⑥机器人网络化技术——使机器人由独立的系统向群体系统发展，使远距离操作监控、维护及遥控"脑型工厂"成为可能，这是机器人技术发展的一个里程碑。⑦机器人灵巧化和智能化——机器人结构越来越灵巧、控制系统越来越小、智能化程度也越来越高，并正朝着一体化方向发展。

03
机器人技术应用与未来

▼

🤖 智能机器人与人争锋

对于机器人的运用，早已不是什么新鲜事，尤其在工业领域，工业机器人的应用给工业生产带来了前所未有的变革。但我们回顾机器人的应用历程可以发现，过去的机器人还只是机械、重复性活动的复制，但在新的人工智能时代，这种情形正在发生新的改变。当机器人拥有了人工智能的能力，一个与人类平行的"新物种"有可能会出现。

甚至可以说，有了人工智能的"加持"，机器人不再是冷冰冰的机器，而是具备了一定的智能思维，可以帮助人们做更多的事情。目前，机器人正在深入各行各业，并扮演着举足轻重的角色，这是一件好事，但有些事情也很让人担忧。

从好的方面看，人工智能与机器人结合，将赋予机器人更多的内涵，如机器人对某些疾病的诊断比医生更加精确，也可以代替人类深入那些危险地带；而从问题角度看，如果机器人的应用替代了人类更多的工作，并做得更好，人类该何去何从？

具备人工智能的机器人能够对行业和人群产生冲击作用的范围很广泛。

正如百度创始人、董事长兼 CEO——李彦宏所说：人工智能对于社会的影响会远大于互联网对社会的影响，因为过去 20 年互联网对人类社会的影响主要是个人用户，而人工智能将会影响机构用户，同时也影响个人用户。

这样一来，人工智能的应用就必然会带来更大范围的影响，这种影响既有正面效果，同样也有负面效果。负面效果之一就是可能会有更多的职业消失，更多的人将面临失业等问题。虽然，人工智能机器人的应用给人们带来了福音，但同时也让一部分人变得"无路可走"。

从客观角度讲，新技术带来生产力的提高，它的演化在创造新事物的同时，也在残酷地消灭旧事物。但对于人类来说，新生事物的出现同样需要审慎对待，尤其是最近数十年来，技术的发展和进步已经超越了人类进化的速度。

不仅如此，技术的运用从来都不只影响到社会生产生活，同样也会影响到军事领域，如果拥有高级人工智能的机器人战士产生，会不会带来灾难性的后果：它们坚决执行命令消灭敌人，同时又会想尽一切办法，避免自己被消灭，一旦失控，这些机器人战士是否会如同科幻小说中描述的那样，将成为人类的心腹大患？

正因为如此，科技界人士包括马斯克、谷歌旗下人工智能公司 DeepMind 创始人之一——穆斯塔法·苏莱曼（Mustafa Suleyman）、著名人工智能专家——托比·沃尔什（Toby Walsh）等，曾联名致信联合国，并建议联合国要像禁止生化武器一样禁止机器人武器。这其实也是对阿西莫夫（Asimov）法则的强化，毕竟与机器人抢了一些人的饭碗相比，这可是关乎人类生死存亡的大事。

机器人的通用性和可编程性，决定了它终将取代一些设备及人员。特别是在生产中，机器人与我们人类紧密相连。由于其通用性，机器人可以提高生产效率，改进产品质量，并从多方面降低生产成本。对于一个产品经常变化的市场来说，对机器人重新调整和编程所需的费用远远低于重新调整固化的机床和培训人员的花费，这一点就是机器人制造的柔性，也是体现制造业适应市场变化的重要性能。

另外，由于机器人承担了很多危险或艰苦的工作，许多职业病、工伤及因此需要付出的其他高昂代价都有可能避免。由于机器人总是以相同的方式完成其工作，所以产品质量和一致性十分稳定，会给企业家带来确定的效益；机器人可以 24 小时不间断地工作，产品的生产率可以预测，库存量也可以得到较好的控制。产品总价值中每一项费用的节省，都可能提升产品在各种市场上的竞争能力。机器人的另一优点是可用于小批量生产，灵活性较高。

人工智能是未来重要的发展方向，从人们起居生活到产品生产再到智能社会，在这几年我们看到了很多人工智能产品，机器人产业正在逐步兴起。

如果有一天，机器人比人类更聪明，未来是否可能替代人类？假如机器人产业完全替代人类生产，人还能做些什么？这些问题已经开始引起人类的重视。

无所不能的机器人？

在 2015 年夏季达沃斯论坛上，新领军者村中有一排看似无所不能的机器人，在题为"行动中的机器人"展示区，展示了能够适应各种人类生活场景的机器人，包括协助老年人及残障人士的机器人队友 Ballbots，能够进行语言分析、满足人类情感交流需求的机器人伴侣，以及各种生产机器人。在论坛上，各国专家学者描绘了一幅更大的机器人应用场景。除了生活起居，从法庭判决、医疗诊断到上战场作战，机器人都可以代替人类。

但是，这是否意味着机器人在未来将全方面替代人类呢？在 2015 年夏季的论坛现场，《科学美国人》杂志主编玛丽叶特·迪克里斯蒂娜（Mariette DiChristina）做了一个有趣的实验：让现场的观众举手表决，在哪些场景愿意使用机器人，哪些场景愿意使用人类。最后结果显示在需要精确性的领域，如医疗手术上，大部分的人愿意使用机器人，而在法律领域，人们则更倾向使用一位人类法官。对于上战场打仗，几乎全场观众都认为应该使用机器人替代人类。原因是一般人认为机器人更为精确，而人类相对来说比较感性。这也印证在机器人的发展上，目前工业、制造业等领域已经广泛应用机器人代替人类完成流水线组装工作，而在家居照料方面虽然有很多研究但一直未得到普及。

卡内基梅隆大学的米切尔教授认为，人类能否大面积运用机器人主要需克服的是信任问题，即能否信任机器人帮助人类进行诊断、完成照料。

人工智能技术日渐成熟的同时，也催生了一系列问题。未来人工智能是否会完全替代人类？而如果完全替代人类，那么如何解决失业率等社会问题？

届时，人类或许会在更擅长的领域得到发展。哥伦比亚大学研究员安德鲁·麦克劳林（Andrew McLaughlin）表示现在还有许多尚未探索和有待开发的领域，这些领域需要人类的创造力，机器人取代人类进行日常生产，大部分人就可以把更多的精力投放到创新性的研究领域上。"我对于人工智能取代人类，没有这么悲观。"他说道。

同时，这也能激发更深入的学习研究。米切尔说道："我们一生当中可能做很多工作，教育流程也要跟随改变，不是用四年去学一个课程，而可能是花费 40 年或更长时间去学习。"

除此之外，军队作为未来人工智能发展方向之一，也同样存在不少潜在问题。米切尔表示，在军事上，机器人可以缩减军队规模，但同时，这也允许更多国家有自己的军备，可能会带来战乱的隐患。

但目前，机器人的研究重点还是集中在家居护理方面，日本学术振兴会理事长安西祐一郎认为，机器人对于很多人类活动都是非常敏感的，对于艺术、医疗等判断做出决策方面都值得讨论，从商业角度探讨机器人应用远比探讨机器人在战争中的运用有意义。

还有一种研究方向是将人的脑电波转换成指挥机器人的计算机指令，实现用人脑直接控制机器人运动。

例如，国防科技大学研究人员通过将人脑电波转换成指挥机器人的计算机指令，实现用人脑直接控制机器人运动。就像电影《阿凡达》中，受伤的退役军人杰克可依靠意念远程控制其替身在潘多拉星球作战。国防科技大学研发出脑控机器人，使科幻逐步走向现实。科学家通过技术将人脑电波转换成指挥机器人的计算机指令，从而实现用人脑直接控制机器人运动。在不远的未来，人们只需要通过脑电波即可轻松打开家门、使用厨房电器……

把人脑作为一个环节接入系统，利用人脑的智能提升整个系统的智能化水平。这个脑控技术，提供了除电气系统、人手之外的另一种系统的操控手段。在不久的将来，有行走障碍的残疾人可以用脑控轮椅代替双脚行走，而对于开车一族来说，实现脑控驾驶无疑是一大福音。

脑控技术属于认知科学的研究范畴，而且是偏向于应用的那部分。认知科学的目的在于揭示大脑智能的本质，相关研究已经成为当前科学界，特别是生命科学界的前沿探索领域。21世纪也因此被许多科学家称为"生命科学、脑科学的百年"。

假想一下，在未来，餐厅服务员、商场售货员都是机器人，人类的一些劳动被机器人所代替，看似科幻大片的画面其实正向我们走来。如今，专注于人工智能和机器人研发的企业、机构如雨后春笋般成长起来，这不禁让人感叹：智能机器人的时代已经到来。

对于一款仿生机器人来说，不仅它的"大脑"越来越向着人脑思考的方向发展，外观及运动方式也正在向人类靠近，仿生皮肤、模拟人的动作等技术已经逐步实现。据了解，一台机器人涉及物理学、化学和生物学等很多领域的技术，可以说是一个庞大的系统性工程。

人工智能和机器人技术给社会带来的改变每一天都能感受到，这种变化带来的冲击堪比当年的工业革命。

04
谁将主宰未来——人还是智能机器人

🤖 机器人的优势

机器人（通常指机器人系统）是综合了人和机器特长的一种高科技产品，它不是在简单意义上帮助人类工作，机器人技术既有人类对于环境状态的快速反应能力和对事物的分析判断能力，又有机器持续工作时间长、精确度高并且具有能抗恶劣环境的能力。

我们发明机器人的目的是用其代替人工从事有害、危险、艰苦的工作，从而改善人的工作条件。机器人可以代替人类进行劳累、危险的工作，免除人类重体力的劳动，还可以使人类免受一些伤害，从而减少人员的伤亡。机器人的应用可以改变人类的工作环境，在一些工作环境恶劣的地方，人类可以在远程对机器人进行操作来完成指定的任务。

使用机器人设备能够提高各行业的自动化的水平，提高生产效率。例如，在零件加工的过程中，采用机器人进行部件的装卸，比起工人装卸省时达60%~70%，生产率也提高了50%左右；自行车厂采用机器人对自行车的三脚架进行焊接，以代替旧的盐溶钎焊工艺，取得了良好的效果并且省时30%之多。日本日立公司的一条电子电路板自动装配线装备了56台机器人，使电子元件的自动装配率达到 85%，相比人工有了很大进步。

在生产生活中，机器人可以减少体力劳动和熟练工种的使用，同时增加劳动者的脑力劳动，对劳动者本身的能力要求更高，也就是说增加了新的工种，这个工种需要脑力劳动。据统计，20 世纪 80 年代，日本的制造业因为机器人的加入使得焊工的人数减少了 4.9%，机床操作工人减少了 2.3%，但是电子计算机操作员的人数增加了 4.5%，穿孔机操作员增加 4.6%，软件技术人员增加 7.0%，整个社会的就业率呈现增长趋势。

随着机器人的发展，能够不断开拓人类的活动和研究领域，让人类能够进入过去想进却无法进入的地方。开发利用宇宙中其他星体的前景非常美好，但是恶劣的环境给人类在太空或其他星体上的存活都带来了巨大的威胁。想要使人类在太空中停留，就需要复杂并且庞大的环境控制系统、物质补给系统、生命保障系统和救生系统等，这些系统的耗资将会非常巨大。这仅是想让人类在宇宙中停留一小段时间所需要的，更不用说长时间在其他遥远的星体繁衍生息了。

在未来的空间活动中，不仅要探索，更要建设一些重要的保证人类生活和工作的设施，只依靠人类自身，这些任务是极难完成的。由于机器人相较于人类而言可以更好地适应地球以外的环境，所以机器人可以帮助人类研究和探索宇宙及其他遥远星体，帮助人类建设和开发太空。

机器人的运算能力要比人强，这是人的劣势。但是人脑要比机器人的电脑复杂很多，对外界的感应感知及对复杂问题的处理能力都远远超过机器人，这是人的优势。

人的创造力是人类社会最宝贵的资源之一，劳动力过于密集的产业不能充分发挥人力资源的创造力，充分利用机器人或自动化程度高的机器人代替人，可以使更多的人类从事更具有创造性的工作，最大限度地发挥人的创造力，从而加快技术创新的速度，促进社会发展。

人工智能是人类的工具

人工智能既然是在模仿人的智能,就必须要向人学习,必须了解人类的能力和知识。其中计算机的学习功能一直被人们期待,期待计算机学会更多人的技能、方法、功能。计算机学习的过程和人类近似,但是计算机学习的过程通常是大量的先验知识(数据)的训练过程,经过训练之后,能够完成对某一种特定环境或条件的决策。机器学习中的深度学习、强化学习、超限学习等算法,大大促进了人工智能学科的发展和应用。

目前,人工智能系统在"看"和"听"领域应用最成功,如采用人工智能图像处理算法,能够处理无人机航拍的图像和视频;在高压输电线路巡检中得到广泛应用,巡线工人不再需要翻山涉水、手举望远镜巡查线路;又如在高铁的车厢底部,有1万多个零部件,列车运行过程中需要不间断地监测这些零部件的状态,避免意外事故发生,使用计算机视觉监测,能够做得又快又好。在"听"的方面,利用深度学习技术和互联网、大数据技术,能够实现对人类自然语言的理解和分析,实现不同语言之间的互译。

尽管人工智能技术飞速发展,在实际应用中也取得了一些成就,但人类对自己智能的研究尚处在初级阶段,很多关键技术还没有得到解决,因此,我们完全没有必要担心人工智能或智能机器人会超越人类的智能,甚至替代人类。人工智能技术仅仅是人类的工具,是把人类从艰苦、危险、繁重的体力劳动中解放出来的手段。新技术的使用,必然会创造出新的行业,经济增长必然会带来更多的就业岗位。人工智能技术必将是今后人类科技发展的重要方向,我国已经看到了人工智能技术的重要性,提出了人工智能技术发展的长期规划。我国发展人工智能技术有独特的优势,在智能领域的研究、应用方面与国际先进国家几乎同步,研究基础和实力与国际先进水平相当,相信在不久的将来中国会占据世界人工智能领域的高地,人工智能技术会成为中国科技的核心竞争力,使我们的生活变得更轻松、更幸福、更快乐。

参考文献

蔡自兴，2009.机器人学（第2版）[M].北京：清华大学出版社：12-45.

蔡自兴，2009.机器人学基础[M].北京：机械工业出版社：35-67.

常言道.2017-08-22.当机器人遇上人工智能：新物种正在形成[EB/OL].http://www.sohu.com/a/166580102_616737.

传感器技术mp.2017-01-07.人脸识别技术原理及解决方案[EB/OL].https://www.sohu.com/a/123648449_468626.

创盈时代非标自动化.2016-12-29."机器视觉"来了，您准备好了吗?[EB/OL].http://www.sohu.com/a/122944675_456335.

创盈时代非标自动化.2018-01-02.谈谈机器视觉行业的现状和未来[EB/OL].http://www.sohu.com/a/214174626_456335.

电子元件技术网.2013-02-06.语音识别技术分类[EB/OL].http://baike.cntronics.com/abc/4321.

董四行.2012-06-22.人工智能—人类的未来[EB/OL].https://www.douban.com/group/topic/30592895/.

豆丁网.2010-12-04.机器人王国[EB/OL].http://www.docin.com/p-103539254.html.

豆丁网.2011-09-25.机器人技术及其应用课件[EB/OL].http://www.docin.com/p-263755646.html.

豆丁网.2013-07-28.机器人行走结构的类型及特点[EB/OL].http://www.docin.com/p-682791632.html.

豆丁网.2015-02-10.实时虹膜图像质量评估的算法研究与实现[EB/OL].http://www.docin.com/p-1061843067.html.

交银国际证券.2015-11-27.2015世界机器人大会系列纪要之三：人工智能推动服务机器人产业应用[EB/OL].https://finance.qq.com/a/20151127/047204.htm.

李倩.2018-08-01.人工智能的主流技术的发展大致经历了三个重要的历程[EB/OL].http://m.elecfans.com/article/720017.html.

南山牧笛.2016-02-29.深度学习与人脑模拟[EB/OL].https://blog.csdn.net/u012556077/article/details/50766374?locationNum=1.

赵晓光.2017-09-05.人工智能技术仅仅是人类的工具[EB/OL].http://www.sohu.com/a/169772562_473466.

生物谷.2017-05-16.一文看懂人工智能在医疗领域中的应用[EB/OL].https://www.cn-healthcare.com/article/20170516/content-492352.html.

嵌入式资讯精选.2017-08-18.云反射弧，居然是人工智能发展的下一个重点！[EB/OL].http://www.sohu.com/a/165551211_505803.

谭民，徐德，侯增广，王硕，曹志强,2007.《先进机器人控制》[M].北京：高等教育出版社:01-30.

图说智能化.2018-04-17.什么是机器视觉？[EB/OL].http://www.sohu.com/a/228541085_827089.

万赟.2016-04-23.人工智能60年：从图灵测试到深度学习[EB/OL].http://www.sohu.com/a/71196428_297710.

万云飞.2018-06-9.人工智能[EB/OL].https://blog.csdn.net/wanwu_fusu/article/details/80636339.

王万良，2011.人工智能导论（第3版）[M].北京：高等教育出版社:01-89.

吴湛.2018-01-30.实现"中国制造2025"机器视觉的现状和发展趋势分析[EB/OL].http://www.elecfans.com/kongzhijishu/jiqishijue/626552.html.

物联中国.2017-09-26.人工智社会课题：是福是祸众说纷纭[EB/OL].http://www.sohu.com/a/194925892_299995.

与非网.2017-10-17.电容式、光学、超声波指纹识别上演三国杀，颜值是关键?[EB/OL].https://www.eefocus.com/sensor/393959?157018342.

智金汇.2016-08-22.人工智能、机器学习和深度学习之间区别[EB/OL].http://www.sohu.com/a/111494654_232490.

中国报告大厅网.2018-04-04.语音识别发展趋势[EB/OL].http://www.chinabgao.com/k/yuyinshibie/33180.html.

OFweek机器人网.2017-12-28.四类典型的机器人智能焊接解决方案[EB/OL].http://www.sohu.com/a/213331830_505811.

Xiangzhihong8.2017-04-09.一篇文章搞懂人工智能、机器学习和深度学习之间的区别[EB/OL].https://blog.csdn.net/xiangzhihong8/article/details/69935712.

X技术网.2018-05-04.一种机器人手臂的制作方法[EB/OL].http://www.xjishu.com/zhuanli/14/201720687883.html.

致谢

在多年的科研工作和科普工作中,我们一直希望能够有一本介绍人工智能和机器人技术的科普图书。一年多前,我们与科学出版社的周辉老师一起策划了这样一本科普图书。经过一年多的努力,书稿终于编撰完成了。

本书在编写过程中,得到王群老师及赵博洋、李向君、李云朋三位同学的大力帮助。王群老师在本书的编写过程中,多次对内容提出修改建议,并和赵博洋同学一起,编写了本书的 Chapter1 和 Chapter2 的部分内容。李向君、李云朋两位同学,编写了本书的 Chapter3、Chapter4、Chapter5 和 Chapter6 的部分内容。

北京印刷学院张斌教授、敖敦老师对本书的封面插画给予了大力支持。

在此,对以上朋友们的辛苦工作表示诚挚的感谢!

同时,我要感谢中国科学院自动化研究所先进机器人团队的大力支持和帮助。先进机器人团队在谭民研究员的领导下,多年来致力于先进机器人系统和人工智能技术的创新研究工作,在机器鱼、服务机器人等领域取得了丰硕的科研成果,尤其是攻克了先进控制、仿生控制、机器人视觉等一系列具有独特优势的关键技术。先进机器人团队的研究成果为本书提供了坚实的技术基础。

因本书部分插图在出版前无法联系到权利人,请有关图片的权利人与科学出版社联系协商图片使用费事宜或于再版时撤换图片。

感谢所有关心和支持本书撰写的专家、同事、同学,感谢所有支持科普工作的科学家和科技工作者。

赵晓光